武汉商学院学术著作基金资助（自科类）

机器人工作站设计

桂　伟　著

机　械　工　业　出　版　社

本书结合理论知识与工程实例，通过高校与企业合作的三个典型工程应用案例，对教学用机器人工作站和自动化生产线进行剖析，详细阐述机器人系统集成的设计方法，提出了一套针对高校教学用机器人工作站的设计理念、设计思路及设计方法，内容丰富实用，可为机器人教育及工程实践提供理论指导与实践参考。

本书可作为高校机器人相关专业的课程指导用书，也可为从事工业机器人系统集成设计、机器人编程及电气调试的工程技术人员提供理论指导。

图书在版编目（CIP）数据

机器人工作站设计/桂伟著. —北京：机械工业出版社，2023.6
（2024.11 重印）
ISBN 978-7-111-73050-7

Ⅰ.①机… Ⅱ.①桂… Ⅲ.①工业机器人-工作站-设计-高等学校-教材
Ⅳ.①TP242.2

中国国家版本馆 CIP 数据核字（2023）第 069521 号

机械工业出版社（北京市百万庄大街 22 号　邮政编码 100037）
策划编辑：周国萍　　　　　　责任编辑：周国萍　李含杨
责任校对：潘　蕊　邵鹤丽　　封面设计：马精明
责任印制：张　博
北京雁林吉兆印刷有限公司印刷
2024 年 11 月第 1 版第 3 次印刷
184mm×260mm · 11 印张 · 249 千字
标准书号：ISBN 978-7-111-73050-7
定价：59.00 元

电话服务　　　　　　　　　　网络服务
客服电话：010-88361066　　机　工　官　网：www.cmpbook.com
　　　　　010-88379833　　机　工　官　博：weibo.com/cmp1952
　　　　　010-68326294　　金　书　网：www.golden-book.com
封底无防伪标均为盗版　机工教育服务网：www.cmpedu.com

前言 Preface

随着智能制造行业的快速发展、机器人工作站的大量应用，结构优化设计、虚拟仿真设计、电气系统设计及机器人离线编程逐渐成为机器人行业技术人员的必备技能。由于机器人工作站设计的复杂性、技术的集成性、调试的不确定性，以及机器人工程本科专业开办时间较短，机器人工作站系统集成设计中的很多应用性问题成为实践教学中的难点。本书在总结相关研究的基础上阐述机器人工作站设计的基础理论、技术方法及实践应用，为教学和工程中工业机器人系统集成设计、服务机器人结构设计提供了一定的理论与实践应用参考。

作者认为应用型本科高校机器人工程专业人才培养的理论与实践教学亟须增加机器人工作站设计方面的研究，撰写本书的初衷是解决高等院校机器人工程专业实践教学中遇到的机器人工作站系统集成问题。本书介绍的机器人工作站和自动化生产线系统集成设计的方法与思路，可为国内机器人相关专业师生学习机器人的理论提供有益参考，也可为解决机器人系统集成设计教学中的问题提供一定的理论与实践指导。

本书共分为 5 章，第 1 章为绪论，是全书的导论，引出概念和案例，为全书的主体结构框架；第 2 章为教学用汽车模型自动化生产线设计，基于教学用自动化生产线研究机械设计、电气设计及虚拟仿真，是全书的主线；第 3 章为教学用冲压机器人工作站设计，第 4 章为教学用焊接机器人工作站设计，以工作站设计与机器人软件仿真为重点，着重阐述设计和仿真过程，是全书的两翼；第 5 章为服务机器人结构设计，以服务机器人外形和内部结构优化设计为背景，研究服务机器人设计开发的基本流程。本书在开展机器人结构设计、系统集成及虚拟仿真中运用大量的图表进行分析，图文并茂、思路清晰、结构严谨。

书中赠送的相关机器人工作站图样，请联系 QQ296447532 获取。

书中的研究项目得到了武汉商学院的资助、武汉商学院机器人产学研中心合作企业的支持，以及同行工程师的技术指导，在此向帮助指导作者开展研究工作的所有单位和个人表示衷心的感谢。另外，作者还要感谢为本书成稿辛苦付出的同事们和同学们，本书能顺利成稿离不开同事们和同学们的帮助与支持；感谢出版社的编辑为本书的出版所付出的辛勤汗水；本书所参考的单位和个人的研究成果已在参考文献中列出，在此一并感谢。

由于作者水平有限，书中难免存在不足之处，衷心希望广大读者朋友批评指正。

作　者
2023 年 7 月

目　录　Contents

前言

第1章　绪论 ………………………… 1

1.1　工业机器人系统集成技术 ……… 1

1.2　认识机器人工作站和生产线 …… 3

　1.2.1　汽车模型自动化生产线 …… 4

　1.2.2　传统焊接机器人工作站 …… 5

　1.2.3　冲压机器人工作站 ………… 5

　1.2.4　服务机器人 ………………… 7

1.3　机器人三维设计与仿真软件简介 … 8

1.4　电气设计软、硬件简介 ………… 9

第2章　教学用汽车模型自动化生产线

　　　设计 ………………………… 12

2.1　理论意义与研究背景 …………… 12

　2.1.1　理论意义 ………………… 12

　2.1.2　研究背景 ………………… 12

2.2　机械总体设计 …………………… 14

　2.2.1　方案设计 ………………… 14

　2.2.2　传动机构设计 …………… 17

　2.2.3　气动装置设计 …………… 20

　2.2.4　光电传感器选型 ………… 22

2.3　单体工作站结构设计 …………… 23

　2.3.1　零件出库单元工作站结构设计 … 23

　2.3.2　电主轴加工单元工作站结构

　　　　设计 ………………………… 28

　2.3.3　钻孔加工单元工作站结构设计 … 33

　2.3.4　加工检测单元工作站结构设计 … 35

　2.3.5　喷涂中心单元工作站结构设计 … 37

　2.3.6　车身装配单元工作站结构设计 … 41

　2.3.7　小车入库单元工作站结构设计 … 44

2.4　生产线运动仿真 ………………… 47

　2.4.1　仿真简介 ………………… 47

　2.4.2　生产线仿真设计 ………… 48

2.5　生产线电气控制系统设计 ……… 51

2.5.1　电气系统总体设计与注意事项 … 51

2.5.2　零件出库单元工作站电气控制系统

　　　设计 ………………………… 52

2.5.3　电主轴加工单元工作站电气控制系统

　　　设计 ………………………… 55

2.5.4　钻孔加工单元工作站电气控制系统

　　　设计 ………………………… 57

2.5.5　加工检测单元工作站电气控制系统

　　　设计 ………………………… 59

2.5.6　喷涂中心单元工作站电气控制系统

　　　设计 ………………………… 60

2.5.7　车身装配单元工作站电气控制系统

　　　设计 ………………………… 62

2.5.8　小车入库单元工作站电气控制系统

　　　设计 ………………………… 63

2.5.9　生产线总控台电气设计 …… 65

2.6　生产线人机交互界面设计 ……… 67

　2.6.1　MCGS组态软件与S7-1200 PLC

　　　　通信 ……………………… 67

　2.6.2　零件出库单元工作站人机交互界面

　　　　设计 ……………………… 71

　2.6.3　电主轴加工单元工作站人机交互界

　　　　面设计 …………………… 73

　2.6.4　钻孔加工单元工作站人机交互界面

　　　　设计 ……………………… 75

　2.6.5　加工检测单元工作站人机交互界面

　　　　设计 ……………………… 76

　2.6.6　喷涂中心单元工作站人机交互界面

　　　　设计 ……………………… 77

　2.6.7　小车入库单元工作站人机交互界面

　　　　设计 ……………………… 78

　2.6.8　生产线总控台人机交互界面

　　　　设计 ……………………… 79

2.7　工作站仿真设计 ………………… 80

2.7.1 RobotStudio 仿真软件简介 ········· 80
2.7.2 运动仿真步骤 ········· 81
2.7.3 仿真程序 ········· 83
2.8 总结 ········· 84

第3章 教学用冲压机器人工作站
设计 ········· 85
3.1 设计意义与设计背景 ········· 85
3.1.1 设计意义 ········· 85
3.1.2 设计背景 ········· 85
3.2 冲压机器人工作站概述与总体设计 ··· 86
3.2.1 冲压机器人工作站概述 ········· 86
3.2.2 冲压机器人工作站总体设计 ····· 86
3.2.3 冲压机器人工作站电气控制
方案 ········· 89
3.3 冲压机器人工作站结构设计 ········· 90
3.3.1 机器人手部夹具设计 ········· 90
3.3.2 压力机与转台 ········· 92
3.3.3 清洗机 ········· 93
3.3.4 整体设计 ········· 93
3.4 冲压机器人工作站仿真设计 ········· 94
3.4.1 设备布局与系统创建 ········· 94
3.4.2 创建 Smart 组件 ········· 95
3.4.3 创建工具坐标系 ········· 97
3.4.4 创建组件连接 ········· 98
3.4.5 离线编程示教 ········· 100
3.5 冲压机器人工作站电气系统设计 ····· 103
3.6 总结 ········· 121

第4章 教学用焊接机器人工作站
设计 ········· 122
4.1 设计意义与设计基础 ········· 122
4.1.1 设计意义 ········· 122
4.1.2 设计基础 ········· 123
4.2 焊接机器人工作站概述与总体
方案 ········· 124
4.2.1 焊接机器人工作站概述 ········· 124
4.2.2 焊接机器人工作站总体布局 ······ 125

4.2.3 焊接机器人工作站工艺流程 ······ 126
4.2.4 焊接机器人选型 ········· 126
4.2.5 运动学分析 ········· 127
4.3 焊接机器人工作站结构设计 ········· 130
4.3.1 定位夹具结构设计 ········· 130
4.3.2 变位机和底座结构设计 ········· 131
4.4 焊接机器人工作站仿真设计 ········· 132
4.4.1 设备布局与系统创建 ········· 132
4.4.2 变位机机械装置创建 ········· 134
4.4.3 事件管理器 ········· 139
4.4.4 创建轨迹路径 ········· 141
4.4.5 离线编程示教 ········· 143
4.4.6 参考程序 ········· 145
4.5 焊接机器人工作站电气设计 ········· 146
4.5.1 电气元器件选型 ········· 146
4.5.2 焊接机器人工作站电气原理
设计 ········· 147
4.5.3 PLC 与机器人 I/O 分配 ········· 154
4.5.4 机器人通信 ········· 155
4.5.5 人机交互界面设计 ········· 156
4.6 总结 ········· 160

第5章 服务机器人结构设计 ········· 161
5.1 设计意义与设计背景 ········· 161
5.1.1 设计意义 ········· 161
5.1.2 设计背景 ········· 161
5.2 扫地机器人结构设计 ········· 162
5.2.1 工况分析 ········· 162
5.2.2 底盘和三维设计 ········· 162
5.2.3 电子元器件选型 ········· 166
5.3 图书分拣机器人结构设计 ········· 167
5.3.1 循迹移动底盘设计 ········· 167
5.3.2 机械臂选型 ········· 168
5.3.3 图书识别模块 ········· 168
5.4 总结 ········· 169

参考文献 ········· 170

第 1 章

绪　论

近几年我国工业机器人正处于快速发展的黄金期，但工业机器人生产制造和系统集成应用企业还面临着一些现实问题，其中之一就是机器人专业技术人才的数量稀少，其主要原因是机器人专业是一个交叉学科，涉及机械、电子、控制及计算机等方面专业知识，对机器人领域人才的培养亟须高校和企业合作，联合开展。

机器人工作站设计充分运用了工业机器人系统集成技术，其中也包含了现代智能制造技术。我国制造业规模在 2010 年已跃居世界第一，但仍存在资源消耗多、创新能力弱、核心技术不足等问题。2015 年，我国提出《中国制造 2025》发展战略，其中重要战略之一是通过促进机器人在 3C、加工、汽车制造等领域的应用，促使我国从制造业大国向制造业强国发展。机器人工作站是一种集成了多种技术的自动化生产系统，它在企业生产或物流运输过程中所占的比重反映了企业自动化生产的技术水平。目前，我国食品、医药等在内的制造行业为了提高卫生标准和企业生产率、降低工人作业强度，大幅提高了对机器人工作站的使用率。牢牢抓住各行业对机器人工作站的迫切需求，自主研发设计具有我国自主知识产权的高性能、低成本机器人工作站，迎接国外相关技术设备对我国市场的冲击，并以此作为突破口，带动其他设计制造技术、关键部件的生产和生产线系统集成技术发展，对于我国智能制造产业的发展具有重要意义。因此，本书通过集成及运动仿真对机器人工作站、自动化生产线的机械及控制系统进行设计，以解决机器人工作站和自动化生产线的总体布局、装备布局、系统功能模块配置和调试运行等问题。

作者认为应用型本科高校机器人工程专业人才培养中的理论与实践教学亟须机器人系统集成设计应用方面的研究。作者撰写本书的初衷就是解决应用型本科高校机器人工程专业实践课程中机器人工作站系统集成设计方面的问题。本书提出的教学用机器人工作站和自动化生产线系统集成设计的方法与思路，可为解决机器人系统集成设计应用教学中的一些问题提供理论和实践参考。

1.1　工业机器人系统集成技术

一般情况下，机器人生产企业所制造的机器人主要由本体和控制两部分组成，并不包括末端执行机构。工业机器人系统集成主要是基于机器人本体和控制系统，通过添加末端执行机构，增设外控系统、传感器等装置设计成可实现不同功能的机器人工作站。工业机器人系统集成技术需要针对终端用户的工艺需求，掌握产品的设计能力，还需要具备丰富的项目实践经验，具备各种行业标准化、自动化装备的开发能力。从机器人产品出发，机器人的制造开发是机器人产业发展的基础，而机器人系统集成则推动了机器人的大规模应用。相对于机器人本体设备商的技术垄断性和高利润率，机器人系统集成应用商壁垒低、利润率低，但占据的市场规模大。机器人系统集成历史的发展可以分为三条路线：欧式、日式和美式。我国的工业机器人系统集成虽然起步较晚，但其发展集合了欧式、日式和美式三种模式，我国智能制造市场全球最大，具备完整的工业产业链。目前，我国的机器人产业正逐步走向成熟，国内既有数量惊人的机器人本体研发与制造企业，又有上万家机器人系统集成应用商。

工业机器人系统集成应用设计主要包括以下步骤：

1）对工作任务进行解析。工作任务明确了机器人工作站系统设计的各项内容，因此必须对工作任务进行明确解析。如果不能对工作任务进行明确解析，机器人外形的选择、工艺软件的应用及工作设备和外部设备的选择等将无法正确开展，系统集成设计将无法取得预期成效，甚至还会造成严重错误。对于工业机器人而言，工作装备担任着执行机构的角色，利用它可以执行各种加工动作，如果缺少了工作装备，机器人将无法进行独立作业。在对工作装备进行选择时，应当根据工作任务来明确工业机器人在作业中的具体操作，如焊接、抛光、码垛等，同时还要能够结合加工产品的具体要求来确定加工工艺的水准。要让机器人全面发挥功效，达到工艺标准，必须对工作装备进行合理的选择和设计。除此之外，机器人选型在机器人工作站集成设计中具有重要地位，需对机器人进行确切选型，这关系到机器人工作站整体的造价成本。

2）合理进行机器人的选型。首先，由于国内外市场出现的不同品牌工业机器人的技术特征都有所差异，因此应当按照工作任务的相关内容，选用合适品牌的工业机器人。其次，要充分结合工作装备、作业对象及工作环境等方面因素，明确机器人的负载量、最大移动范围、防护等级等各项性能指标。最后，确定所需机器人的具体型号。在明确机器人具体型号后，还需要进一步考虑工艺软件、外部设备、端口数量等。在满足工作任务规定要求的前提下，尽可能地选用控制系统更先进、端口数量更多，且配置了工艺软件的工业机器人型号，要为工业机器人预留二次开发的空间。

3）合理选用离线编程软件。当处理比较复杂的工艺时，机器人应用系统就有必要应用离线编程软件。离线编程软件不仅能帮助操作者对机器人的工作路径进行优化调整，同时还能对工艺参数进行科学管理，同时还具备点位示教的功能。通常情况下，离线软件和三维设计建模软件联合应用。

4）合理选用外控系统的核心控制器件。通常情况下，工业机器人的核心控制器主要是可编程控制器（PLC）。当对工艺连续性、加工时间都有很高要求的产品进行加工时，必须充分考虑可编程控制器的 I/O 延迟是否会对加工工艺带来负面影响。如存在负面影响，需要重新进行嵌入式控制系统的设计。此外，外部设备的通信方式要尽可能使用工业现场总线，这有助于降低外控设备的装配时间，有效提高系统运行的可靠性，节约设备维护成本。在对外控系统进行设计时，须认真考虑安全问题。通常情况下，外控系统涉及的安全问题主要包含操作人员的人身安全、外控设备的运行安全、急停系统及安全光栅等方面。

5）正确装配和调试机器人工作站。在安装机器人工作站时，必须严格遵守相关的施工规范，确保施工质量不会出现问题。在对机器人工作站进行调试时，应当充分考虑各种可能出现的情况，及时发现问题并进行反馈。在安装和调试机器人工作站的过程中，必须高度重视安全问题，严格按照安全操作章程进行安装和调试。

图 1-1 所示为协作机器人系统集成工作站，用于鸡蛋分拣，图 1-2 所示为四轴机器人工作站，用于包装袋码垛。

图 1-1 鸡蛋分拣工作站   图 1-2 包装袋码垛工作站

1.2 认识机器人工作站和生产线

机器人工作站是以一台或多台机器人为主，配以相应的周边设备，如变位机、输送机、工装夹具等，完成相对独立的作业或工序的一组设备组合。机器人工作站的设计流程如下：

（1）整体方案设计 整体方案设计包括对产品进行需求分析、工艺分析，机器人初步选型，制作设计流程图，设计动力系统，以及辅助设备、安全设备等其他设备选型，并初步完成工作站的造价。

（2）布局设计 机器人工作站布局设计主要包括机器人选用、配套设备位置确定、HMI系统配置、被加工件路径规划、电液气系统走线，以及维护修理和安全设施配置等。

（3）配套设备选用和设计 机器人工作站配套设备选用和设计主要包括非标设备的设计、标准件的选用、土建安装设计、电气系统设计等。

（4）安全装置选用和设计 机器人工作站安全装置选用和设计主要包括围栏、安全门、安全光栅等安全装置的选用和设计，以及对现有安全装置的改造等。

（5）控制系统设计 机器人工作站控制系统设计主要包括系统的标准控制类型与追加性能选定，系统工作顺序与方法确定，液压、气动、电气、电子设备及备用设备的试验，设计电气控制线路、机器人线路及整个系统线路等。

（6）支持系统设计　机器人工作站支持系统设计主要包括故障排除与修复方法、停机时的对策与准备、备用机器的筹备及意外情况下的救急措施等。

（7）工程施工设计　机器人工作站工程施工设计主要包括编写工作系统说明书、机器人性能和规格说明书、接收检查文本、标准件说明书、绘制工程制图、编写图纸清单等。

本书主要以武汉商学院机器人产学研中心的教学用汽车模型自动化生产线、冲压机器人工作站及焊接机器人工作站作为典型的机器人工作站应用案例，剖析机器人工作站机械设计、电气设计及仿真设计过程；以扫地机器人、图书分拣机器人设计为典型案例，剖析机器人机械结构的优化设计过程。

1.2.1　汽车模型自动化生产线

在产品自动化生产线中，自动上、下料装置是一个非常重要的组成部分，传统的生产线需要通过人力将下料台上的待加工产品取下后放置在加工设备上进行加工，加工结束后也需手动将零件产品再次放置在放料台上，手动上、下料不仅耗费人力，而且难以保证上、下料的位置精度。

武汉商学院机器人产学研中心教学用的汽车模型自动化生产线，利用直角坐标机械手实现了汽车模型零件自动化出库、加工、钻孔、检测、喷涂、装配及入库等工序，较为真实地模拟了汽车零部件的生产加工过程，汽车模型自动化生产线示意如图1-3所示。

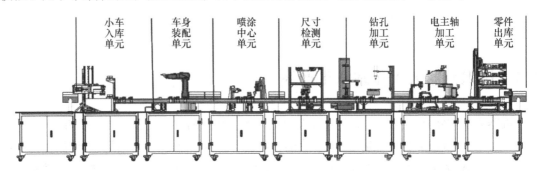

图1-3　汽车模型自动化生产线示意

汽车模型自动化生产线主要是利用3D打印的小车模型零部件，模拟汽车生产过程中的加工、钻孔、检测、喷涂及装配等主要工序。自动化生产线机械系统由3台机器人和6套三轴模组构成的7个单体工作站组成，电气控制系统采用7台西门子S7-1200 PLC独立控制，采用1台S7-1200 PLC负责总线控制设计，每个单体工作站和总控都配置了人机交互界面（HMI）。

本书结合教学及工程实践情况，针对汽车模型自动化生产线在教学实践中的问题，利用"工程制图""机械设计基础""CAD/CAE"及"工业机器人仿真技术"等专业课程知识，通过理论分析、实践对比研究，对汽车模型自动化生产线中各工作站单元及传送装置进行机械结构和电气系统的优化再设计，解决生产线中机械手对汽车模型自动上、下料的问题，更真实地模拟汽车零部件生产加工过程，实现实践教学与工程实践的有机结合，以满足课程实践教学需求。

1.2.2　传统焊接机器人工作站

传统人工焊接是一项对准确率、精细度要求较高，且较为繁重的工作。机器人自动化焊接的诞生使人的双手得到很大程度解放。如今，多数汽车生产制造企业都采用焊接机器人来代替人工进行车身、底盘等重要零部件的焊接加工，在提高生产率、压缩生产成本的同时，也提高了汽车零部件的焊接质量，使产品具有良好的互换性，获得了较高的经济和社会效益。

焊接机器人工作站的硬件部分主要包括 ABB 焊接机器人、焊机、送丝机构、控制柜、变位机、底座和下机架等，如图 1-4 所示。焊接机器人工作站的软件部分包括机器人作业程序和整个控制系统的 PLC 控制程序。焊接机器人工作站的软件主要承担与工作环境元素的数据交流与控制，焊接设备的自动化作业、变位机焊装夹具自动化的协调控制，以及安全防护等。采用模块化的、面向对象的编程方法来完成工件焊接、焊丝进给、变位机旋转等 PLC 编程任务。焊接机器人工作站的总体布局如图 1-4 所示。

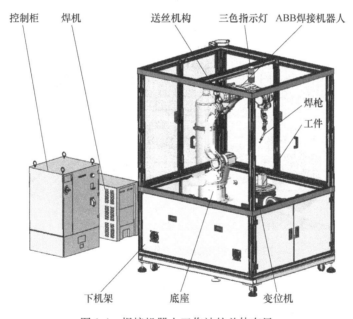

图 1-4　焊接机器人工作站的总体布局

本书首先采用 Solidworks 2016 软件对焊接机器人工作站及其非标零部件进行结构设计；其次，对焊接机器人工作站进行电气设计，完成电气原理图的设计，列出 I/O 地址分配表；最后，利用 RobotStudio 软件对机器人进行离线编程和虚拟仿真，完成焊接机器人工作的运动动画，为焊接机器人工作站的设计与研究提供一定的理论参考。

1.2.3　冲压机器人工作站

在国内冲压行业中，利用现代计算机技术和制造技术对冲压产业进行升级改造，将单一压力机生产升级为自动化冲压生产线，进而提高冲压工件的质量和生产率，实现企业的技术升级和转型是大势所趋。企业在进行冲压自动化生产线升级改造时，为减少改造成本，主要考虑对现有的冲压设备进行自动化升级改造，尽量避免购置新的冲压设备，起到事半功倍的效果。冲压自动化生产线利用机器人自身的控制性和通用性，结合计算机辅助控制技术将单一的冲压设备，改造组合为自动化生产线。机器人替代传统冲压生产的人工操作，不仅节约了大量的人力和物力，而且提高了生产率和生产安全性。

冲压机器人工作站指在压力机工作中，利用机器人完成卸料、运输、堆垛等任务，实现冲压工艺的自动化，并可以在无人参与的情况下长时间工作。

典型冲压机器人工作站的主要组成有压力机、废料箱、人机交互界面、转盘机、夹具库、底座、电控柜、机器人等，其总体布局如图 1-5 所示。

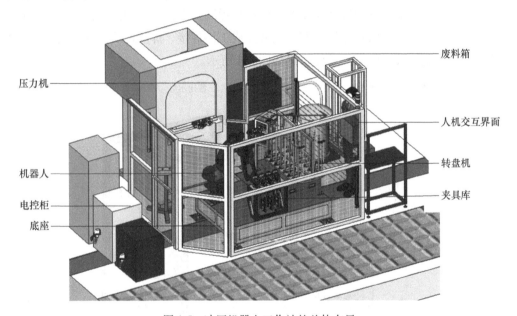

图 1-5 冲压机器人工作站的总体布局

下料装置为双工位旋转台，分别为人工下料工位和机器人下料工位，可实现连续进料。下料双工位旋转台上安装下料工装托盘，当产品换型时，可实现托盘快速更换。

清洗机中配置了无声气枪，可通过气枪中喷出的高压空气对产品的铝屑进行清洗，并集中收集，过滤回收。在清洗机两侧装有检测传感器，可以对机器人抓取异常进行检测。

为适应不同型号产品的抓放，机器人夹手设计成可快换夹手，为每种产品都设计一套专用夹手，存放于夹具库内。机器人夹手用于完成毛坯料及产品的抓放，机器人可自动更换夹手以适应不同型号的工件。

冲压机器人工作站采用压力机自动下料和机器人码垛协同工作的生产工艺，主要包括下料、清洗、码垛等工艺流程。冲压机器人工作站采用 PLC 控制实现互联互通、自动化生产。此外，配置的人机交互界面能够便于产品信息的追溯管理。

1.2.4　服务机器人

服务机器人广泛应用于医疗、教育、餐饮、交通、旅游及工业等领域。近年，我国服务机器人产业快速增长，医疗服务机器人在医疗救治中发挥了重要作用。我国服务机器人市场发展潜力巨大，呈现出规模化、智能化和专业化趋势，预计 2023 年市场规模将达 7518 亿元。规模化指除商业化水平较高的扫地机器人和无人机外，娱乐机器人、教育机器人、商用机器人等更多类型的服务机器人将迎来量产阶段。智能化指随着人工智能技术和硬件制造水平的提高，服务机器人的智能化水平不断提高，逐步实现目前仍无法完全满足人们服务需求的功能。专业化指水下机器人、消防机器人、医疗机器人等特殊应用场景下的服务机器人将具有更强的专业性、适应性和实用性。

（1）扫地机器人　扫地机器人的设计要考虑家庭和办公场所等环境，家中主要有床、沙发、桌椅等各种家具，办公场所主要有办公座椅、文件柜等。因此，扫地机器人应具备运动灵活、机动性强的特点。基于这些考虑，设计扫地机器人时，首先应考虑清扫效率，其次考虑体积及尺寸参数，在满足使用条件的前提下尽可能减小体积、减轻质量，提升运动灵活性及机动性。扫地机器人配备了清扫刷、风机与垃圾仓等工作装置，用于完成地面垃圾的清扫。

扫地机器人的技术指标主要包括外形尺寸、净重、速度、爬坡能力、电动机最大功率/最大功率转速等。作者指导设计的一款扫地机器人的三维结构示意如图 1-6 所示。

（2）图书分拣机器人　根据图书分拣机器人在图书馆工作环境中的运行情况，分析机器人正常运行的可行性，拟定合理的图书分拣工作路线及图书分拣方案，以此开展图书分拣机器人的结构设计。当设计的图书分拣机器人需要满足一定的作业空间要求时，应进行尺寸优化设计，选择最小的臂杆尺寸，

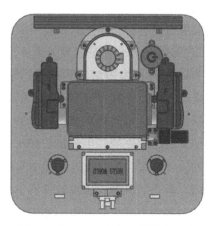

图 1-6　扫地机器人的三维结构示意

这样既能提高操作机构的刚度，又能进一步降低运动惯量。机械手本身的大臂、小臂、手腕及基座，都起负载作用，选用质量轻、强度高的材料，其主要目的是减轻机器人本体重量。

作者指导设计的图书分拣机器人分为循迹移动底盘、夹取机械臂及人机交互系统三个结构模块。循迹移动底盘的主要功能是实现机器人大范围空间内运动；夹取机械臂的主要功能是实现图书的夹取；人机交互系统的主要功能是实现对图书分拣机器人的精准控制，其三维总体结构示意如图 1-7 所示。

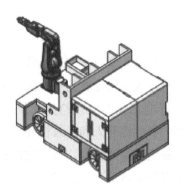

图 1-7　图书分拣机器人的三维总体结构示意

1.3　机器人三维设计与仿真软件简介

随着仿真技术的飞速发展，仿真技术的应用趋于多样化、全面化。最初，仿真技术是作为对实际系统进行反复试验的辅助工具，现在仿真技术主要用于实践训练。仿真系统的应用主要包括：系统概念研究、系统可行性研究、系统分析与设计、系统开发、系统测试与评估、系统操作人员培训、系统预测、系统的使用与维护等方面。机器人仿真技术作为机器人技术的发展方向之一，在机器人应用中具有重要作用。

SolidWorks 仿真软件是世界上第一个基于 Windows 开发的三维 CAD 系统，由于技术创新符合 CAD 技术的发展潮流和趋势，SolidWorks 公司成为 CAD/CAM 产业中获利最高的公司，在全球三维设计软件市场占有重要地位。SolidWorks 仿真软件以数字化建模为核心，通过软件模拟各种三维建模场景，配套组件多，具有功能强大、易学易用和技术创新三大特点，这使其成为领先的、主流的三维 CAD 解决方案应用软件。SolidWorks 仿真软件能够提供不同的设计方案、减少设计过程中的错误、提高产品质量。

目前，常见的机器人仿真软件有 RobotArt、RobotMaster、RobotWorks、RobotCAD、DEL-MIA 等。一些实力强大的公司，如工业机器人四大家族，也会有自己的软件（ABB 机器人的 RobotStudio、安川机器人的 MotoSimEG-VRC、FANUC 机器人的 RoboGuide 及 KUKA 机器人的 KUKA Sim 等）。RobotArt 是首款商业化离线编程仿真软件，已被业界许多机器人本体开发公司使用。CATIA 公司的 DELMIA 仿真软件支持多种品牌机器人离线编程操作，如ABB、KUKA、FANUC、Yaskawa、Staubli、KEBA 系列、新时达及广数等。国产机器人仿真软件有新松机器人、华数机器人、广数机器人、埃夫特机器人等公司开发的系列软件，这类国产机器人仿真软件一般只兼容本公司的机器人硬件产品。

本书中设计的机器人工作站选用的机器人为 ABB 机器人公司开发的产品，利用 RobotStudio 仿真软件进行工作站运动仿真设计，该软件是一个 PC 应用程序，用于机器人单元进行离线编程和仿真。RobotStudio 仿真软件可导入通过 CATIA、SolidWorks、3ds Max 及 AutoCAD 等三维设计软件设计的制图文本，对各模块进行坐标的建立。同时，RobotStudio 仿真软件具有简单的建模功能；可以根据导入的图纸实现自动路径规划，自动生成加工路径。利用 RobotStudio 仿真软件还可以进行碰撞检测，对机器人在工作过程中能否与周边的环境设施发生碰撞做出确定的验证，目的是确保通过离线编写的程序在实际运行中的安全性和可用性。此外，RobotStudio 仿真软件还可用于机器人虚拟脱机编程，以提高编程效率，改善程序员编程环境，使其远离危险的工作环境。在编写完程序后，用真实的机器人同 PC 应用程序进行对接，可以实时监控并动态修改调整程序，使维护和调试工作不耽误机器人的正常工作。最后，根据机器人的模拟仿真，为工程实施提供真实、有效的数据验证。

1.4 电气设计软、硬件简介

1. PLC

PLC 是现代工业自动化的三大支柱之一，专门用于工业环境下的应用设计，它采用可编程的存储器，用来存储执行逻辑运算、顺序控制、定时、计数和算术运算等操作指令，并通过数字或模拟的输入/输出接口，控制各种类型的机器设备或生产过程。由于 PLC 具有性价比高、编程简单、功能强、体积小、功耗低、可靠性高、抗干扰能力强、使用方便等特点，其在电气控制中被越来越广泛地应用于数字量控制、运动量控制、闭环过程控制、数据处理、通信联网等各种领域。

我国 PLC 市场的主要品牌有西门子（SIEMENS）、三菱（MITSUBISHI）、欧姆龙（OM-RON）、罗克韦尔（ROCKWELL）、施耐德（SCHNEIDER）、通用电气（GE）等国际品牌，其中欧美公司在大、中型 PLC 领域占有绝对优势，日本公司在小型 PLC 领域占据十分重要的位置。近几年，台达、信捷、和利时、合信等国产 PLC 也迅速发展，在国内各电气控制领域得到了一定的应用。几款典型的 PLC 如图 1-8 所示。

日本三菱　　　　　　　　德国西门子　　　　　　　　中国信捷

图 1-8　几款典型的 PLC

SIMATIC S7-1200 是西门子公司推出的一款新一代小型 PLC，具有模块化设计及可扩展功能，主要包括 CPU、PROFINET 接口及 I/O 端子连接器，并可以根据需要配备各种型号的信号板（SB）、信号模块（SM）、通信模块（CM）。控制器是西门子公司用于完成简单高精度任务的核心产品，S7-1200 控制器具有紧凑的模块化结构，功能多样、安全可靠，可满足广泛的应用要求。S7-1200 的中央处理单元是一种带有集成 I/O 的紧凑型 CPU，其模块化的设计可用来扩展配置或根据新任务对控制器进行调整,通过在 CPU 上安装一个信号板,或在其右侧连接信号模块,可以进一步扩展 PLC 的数字量或模拟量 I/O 的容量;通信模块通过附加功能和接口来提高 S7-1200 的通信能力,如支持串行通信、PROFIBUS、I/O-Link、AS-Interface 及多种移动标准。S7-1200 上的集成 PROFINET 接口可用于进行 CPU 编程,与 SIMATIC HMI 精简型面板通信以实现可视化,还可与其他控制器或 I/O 设备(如变频器)通信。

2. TIA Protal 软件

TIA Portal(简称 TIA 博途),是西门子全集成的自动化软件,是未来西门子软件编程的方向。TIA Portal 将 PLC 编程软件、运动控制软件、可视化的组态软件集成在一起,形成强大的自动化软件。它是业内首个采用统一工程组态和软件项目环境的自动化软件,几乎适用于所有自动化任务。借助 TIA Portal 的工程技术软件平台,用户能够快速、直观地开发和调试各种自动化系统。

TIA Portal 为用户提供 Portal(门户)视图和项目视图两种视图,用户可以在两种不同的视图中进行相互切换,选择合适的编程视图。

在 TIA 博途软件的 Portal 视图中可以概览自动化项目的所有任务(图 1-9),可以借助面向任务的用户指南,来选择最适合自动化任务的编辑器来进行工程组态。选择不同的"入口任务"可处理"启动""设备与网络""PLC 编程""运动控制技术""可视化""在线与诊断"等各种工程任务。在已经选择的任务入口中均可以找到相应的操作,如选择"启动"任务后,可以进行"打开现有项目""创建新项目""移植项目""关闭项目"等操作。创建新项目或打开现有项目后,在"开始"任务下,可以进入"组态设备""创建 PLC 程序""组态工艺对象""组态 HMI 画面"等界面进行相关操作。

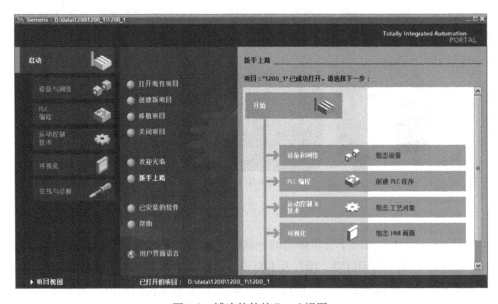

图 1-9 博途软件的 Portal 视图

在 TIA 博途软件的项目视图中,整个项目按多层次结构显示在项目树中(图 1-10)。在项目视图中可以直接访问所有的编辑器、参数和数据，并进行高效的工程组态和编程。本书主要使用项目视图。

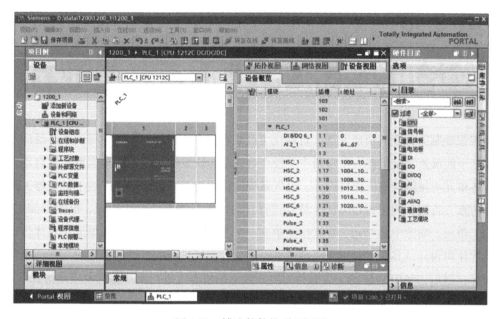

图 1-10　博途软件的项目视图

◗ 第 2 章

教学用汽车模型自动化生产线设计

随着智能制造行业的快速发展，自动化生产线在汽车生产制造产业中得到了广泛应用。本章主要基于武汉商学院机器人产学研中心校企合作企业研发的教学用汽车模型柔性自动化生产线进行各单元机械结构的优化再设计、电气系统的优化再设计，并对生产线上的机器人进行离线编程仿真。首先，利用 SolidWorks 软件进行自动化生产线零件出库单元、电主轴加工单元、钻孔加工单元、喷涂中心单元、视觉检测单元、车身装配单元、小车入库单元及总体传动部分的结构优化再设计；其次，对汽车模型柔性自动化生产线进行电气设计，完成生产线电气原理图的设计；最后，利用 RobotStudio 软件对生产线上的机器人进行离线编程及运动仿真。

2.1　理论意义与研究背景

2.1.1　理论意义

通过对汽车模型自动化生产线进行机械结构优化再设计，可使机器人工程专业学生的实践应用能力、工程问题分析解决能力、工作站设计开发能力、团队合作能力及管理沟通能力得到培养。如今，在制造生产企业中，柔性自动化生产系统越发引人关注，对企业的发展具有重要作用，传统制造企业对柔性自动化生产线的改造需求也越来越大。从有利于企业发展的角度，随着科技水平的不断进步，对柔性自动化生产线进行改造升级，提高企业生产率和产品质量以满足未来市场的多样化、个性化需求，是十分有必要的。

2.1.2　研究背景

近年来，随着我国经济的快速发展，越来越多的制造企业开始思考如何在兼顾生产率的同时得到更多功能和更高质量的产品。在当前的工业生产中，产品更新的速度越来越快，产品结构越来越复杂，产品质量的提高、产能的增加、产品功能的多样化等对生产线的柔性化设计提出了更高的要求。本章以汽车制造行业为背景，对面向教学用的汽车模型柔性自动化生产线进行优化再设计研究，以形成教学用自动化生产线设计原理及方法。

1. 柔性自动化生产线研究现状

国内学者高青在 2018 年介绍了柔性制造技术的基本概念，并明确地指出柔性制造技术将沿着多功能化的方向发展，"柔性""敏捷""智能"和"集成"是制造设备和系统的主要发展趋势。黎水平和张青两位学者在 2019 年以铝合金门窗智能化生产线设计问题作为实践案例，介绍了一种新型智能化门窗生产线的设计解决方案，该解决方案主要涉及生产线的功能分析、结构设计、物流系统设计及信息系统设计四个方面。罗文平学者应用工业工程思想与 IE 工具解决了定制化多变的配置与颜色识别、多平台共线等生产问题。李小忠、高艳学者在利用计算机虚拟仿真技术设计机器人上下料系统时，提出改变 TCP 传输速度可优化柔性制造线的生产节拍并使其生产率至少提高 20%。刘宽、燕继明学者通过在数控机床上增加 KUKA 换刀机器人和基于 TwinCAT 系统的物料转运机构、自动引导车（AGV），利用 PROFIBUS、EtherCAT 等通信技术组建控制网络，实现了柔性生产线系统的通信和控制，提高了柔性系统的自动化程度。简庆金学者通过以先进 UV 系列油墨网版钢板印刷生产设备工艺为设计基础的印刷生产工艺，以先进工业伺服运动电动机及驱动式凸轮分割器和分割器生产技术为设计核心的各种运动主机零部件，以 PLC 作为印刷设备的运动控制和协调的技术核心，自主设计开发了一款新型的网版印刷生产线。廖建明学者通过设计 16 轴绕线机含后道工序的整体方案及机械结构设计方案，提出了一种具有较高效率、较高自动化程度的绕线制造系统设计方案。

2. 自动上下料系统研究现状

李渊在设计一款新型自动上料系统时，采用整体支架作为升降传动机构的支撑结构，链条和轴承作为升降传动机构的主要传动部件，以液压缸作为动力元件，通过控制液压缸实现载物平台的升降，完成了升降机构设计。刘星、尹道渊在对自动下料系统进行功能分析的基础上，研究了一种基于 PLC 技术结合传感器检测技术、伺服系统和气动控制系统的以液晶玻璃下料电动机组为基板的新型自动下料控制系统。张帅将自动下料机器人的传输结构划分为升降传输机构、塑料托盘式移栽传输机构、玻璃托盘式移栽传输机构等部分，并对这几个部件的机械结构和设计特点进行了分析，为下料机器人设备系统的发展提供了一定的设计基础。赵飞、田东庄在深入研究某公司通缆钻杆车削和加工技术的理论基础上，选取了一种刚性、自动化的生产设备来代替人工的搬运和操作，对钻杆的交叉运输装置和下料装置等机械组成部分进行了详细的研究和设计；采用 PLC 对各个动作进行编程，确定了控制系统的硬件架构和软件结构。钟桂强结合生产线自动化发展的趋势，通过对液压软管在制造过程中对制造效率影响较大的下料过程的各工序进行分析和改进，提出了一种软管自动下料系统研究方案及实施应用案例。

3. 高校教学用模拟自动化生产线研究现状

由于我国机器人、智能制造等新工科专业开设时间不长，针对以上专业教学用模拟自动化生产线系统，目前还面临一些瓶颈问题。在发达国家，有从简单到复杂的多种教学用柔性自动化生产线系统，学生可以利用这些教学用的柔性自动化生产线进行研究、编程和调试。国内教学用柔性自动化生产线生产企业虽然较多，但其大部分硬件产品功能比较单一，与企业实际的生产线功能还具有一定的差距，且大多数都只能开展部分实验教学，难以实现实验教学与生产实际紧密联系的教学效果；在与企业生产实际结合方面，我国的教学用柔性自动化生产线也有待进一步提高。目前，我国教学用柔性自动化生产线需要向实际化和产业化发展，只有把教学用柔性自动化生产线和工业生产实际相结合，学生才能在学校利用教学用柔性自动化生产线学习实际自动化生产线的工作原理、运行管理及编程操作等。

2.2　机械总体设计

2.2.1　方案设计

汽车模型自动化生产线主要模拟汽车模型的零件出库、加工、检测、喷涂、装配、入库等生产工序，其生产流程如图2-1所示。

图 2-1　汽车模型自动化生产线生产流程

生产线生产过程如下：

1. 零件出库

托盘在传送带移动到指定位置后，三轴直角坐标机械手通过直线运动和旋转运动将汽车零件按照车轮、车尾、车头、车身、底盘的顺序放入托盘。小车零件托盘的三维结构如图2-2所示。

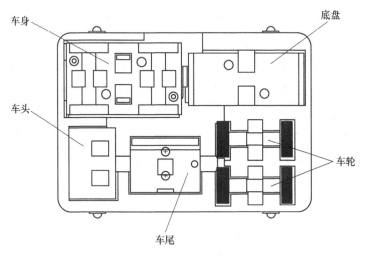

图 2-2　小车零件托盘的三维结构

2. 零件加工（打磨、钻孔）

完成零件出库工序后，传送带将托盘传送到电主轴加工单元，机械手上的夹爪将小车车身夹取到指定位置后，进行电主轴打磨加工。打磨加工完成后，再由传送带传送至钻孔加工单元进行钻孔加工。零件加工前后对比如图2-3~图2-6所示。

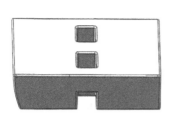

图 2-3　打磨加工前

图 2-4　打磨加工后

图 2-5　钻孔加工前

图 2-6　钻孔加工后

3. 零件加工检测

完成打磨、钻孔工序后，传送带将小车托盘传送至加工检测单元，并联机器人将小车组件夹取放置于加工检测工作平台上，对小车组件进行孔尺寸检测。

4. 零件喷涂

完成零件尺寸检测工序后，传送带将小车托盘传送至喷涂中心单元，机械手将小车组件夹取放置于指定位置进行喷涂，观察检测喷涂完成的零件表面颜色是否均匀。装配元件喷涂前后对比如图 2-7 和图 2-8 所示。

图 2-7　喷涂前

图 2-8　喷涂后

5. 车身装配

完成小车零件喷涂工序后，进行装配，传送带将托盘传送至车身装配单元，机械手夹取车身放置于装配工作台上，然后依次夹取放置每一个零部件，直至完成整体装配。小车装配体如图 2-9 所示。

6. 小车入库

完成车身装配工序后，传送带将托盘传送至小车入库单元，机械手将小车夹取放置于货仓中的存放位置。

汽车模型柔性自动化生产线主要由零件出库单元、零件加工单元（电主轴加工单元、钻孔加工单元）、加工检测单元、喷涂中心单元、车身装配单元、小车入库单元，以及人机交互界面组成。汽车模型柔性自动化生产线的三维视图如图 2-10 和图 2-11 所示。

汽车模型柔性自动化生产线的各单元关系如图 2-12 所示。

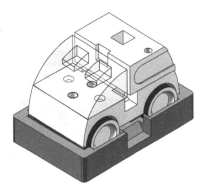

图 2-9　小车装配体

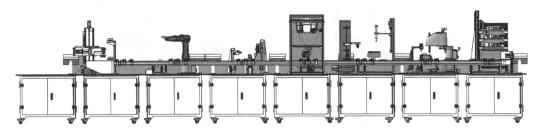

图 2-10　汽车模型柔性自动化生产线主视图

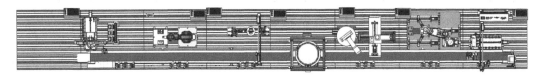

图 2-11　汽车模型柔性自动化生产线俯视图

汽车模型柔性自动化生产线主要组成单元的功能如下：

1. 零件出库单元功能

配置传感器系统，实现装配工件的智能自动仓储管理。

2. 电主轴加工单元功能

配置传感器系统，实现装配工件的自动上、下料与加工。

3. 钻孔加工单元功能

实现装配工件的自动钻孔。在工作台上对工件装夹定位后，钻头依次对工件平面多点位钻孔。

4. 加工检测单元功能

实现装配工件的加工检测功能。汽车模型组件钻孔加工完成后，通过视觉功能模块提取图像，开展数据分析，进行孔尺寸检测。

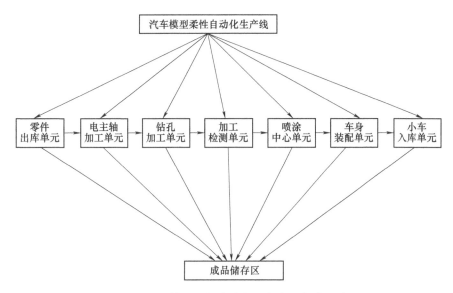

图 2-12　汽车模型柔性自动化生产线的各单元关系

5. 喷涂中心单元功能

配置传感器系统，实现装配工件的上、下料与自动化喷涂。

6. 车身装配单元功能

机械手依次夹取装配工件，将其放置于装配工作台上进行装配，实现工件装配自动化。

7. 小车入库单元功能

配置传感器系统，实现装配好的汽车模型自动仓储与管理。

汽车模型柔性自动化生产线的装配过程，是先把零件出库单元、电主轴加工单元、钻孔加工单元、加工检测单元、喷涂中心单元、车身装配单元及小车入库单元等每个单体工作站的装配体组装在一起，然后把传送带安装到工作台上，从而完成整个自动化生产线的组装。

2.2.2　传动机构设计

根据生产的实际情况，本设计中的汽车模型柔性自动化生产线传送机构采用带传送机构，带传动机构的结构设计将从以下几个方面开展。

1. 带传动设计计算

对带传动进行计算。

1）确定计算功率 P_{ac}。

$$P_{ac} = K_A P = 1.1 \times 0.75 \mathrm{kW} = 0.825 \mathrm{kW}$$

其中，P 为电动机输出功率（kW）。根据带传动工作情况系数，查表可得载荷变动 $K_A = 1.1$。

2）选择带型。

根据计算功率 $P_{ac} = 0.825 \mathrm{kW}$，小带轮转速 $n_1 = 1390 \mathrm{r/min}$（$n_1$ 为电动机输出轴转速），

选择 SPZ 型窄 V 带。

3）确定带轮基准直径 d_1、d_2。

初选小带轮的基准直径 $d_1 = 70$mm。

验算带的传动速度 v（π 取 3.14）

$$v = \frac{\pi d_1 n_1}{60 \times 1000} = \frac{\pi \times 70 \times 1390}{60 \times 1000} \text{m/s} = 5.09 \text{m/s}$$

本设计传送带可调变速，可以在有限范围内进行速度调节。其传动比范围为 1：1 ~ 1：1.3，从动轮的直径 $d_2 = 80$mm。

4）确定中心距 a 和带的基准长度。

在本设计中，两个不同的可调节的变速轮的中心距 $a = 160$mm。根据带传动的几何关系计算所需带的基准长度 L_d'。

$$L_d' = 2a + \frac{\pi}{2}(d_2 + d_1) + \frac{(d_2 - d_1)^2}{4a}$$

代入数据计算，得到 $L_d' = 555.77$mm，根据基准长度选择带长为 560mm。

5）验算主动轮上的包角 α。

$$\alpha \approx 180° - \frac{d_2 - d_1}{a} \times 57.3° = 176.4° \geqslant 120°$$

6）确定带的根数 Z。

$$Z = \frac{p_{ac}}{(p_0 + \Delta p_0)K_\alpha K_L}$$

其中，包角修正系数 $K_\alpha = 0.92$，长度系数 $K_L = 0.93$，单根 V 带的基本额定功率 $P_0 = 0.93$kW，$\Delta P_0 = 0.22$kW。

因此

$$Z = \frac{0.825}{(0.93 + 0.22) \times 0.92 \times 0.93} = 0.84 < 1$$

故选择 1 根 SPZ 型窄 V 带。

7）确定带的预紧力 F_0。

$$F_0 = 500 \frac{p_{ac}}{Zv}\left(\frac{2.5}{K_\alpha} - 1\right) + qv^2 = 500 \times \frac{0.825}{0.84 \times 5.09}\left(\frac{2.5}{0.92} - 1\right) + 1.1 \times 5.09^2 = 194.19 \text{N}$$

其中，p_{ac} 为计算功率（kW），Z 为带的根数，v 为带的传动速度（m/s），K_α 为包角修正系数，查表可得数值为 0.92，q 为 V 带单位长度质量，本设计选取 $q = 1.1$kg/m。

8）计算带传动作用在轴上的力 F_p。

$$F_p = 2ZF_0\sin\frac{\alpha}{2} = 2 \times 1 \times 194.19\sin 88.2° = 388.18 \text{N}$$

根据以上设计计算数据分析，本设计中汽车模型柔性自动化生产线的带传送机构选用 SPZ 型窄 V 带，主动轮的基准直径为 70mm，从动轮的直径为 80mm，两个带轮的中心距为

160mm，带长为 560mm。因为本设计中有两个可以调节的带轮，所以要设计一个张紧轮安装在传送带松边入口处，这样才可以保证在调节速度的过程中，V 带有合适的张紧力，以防止 V 带工作时因张紧力过小发生打滑。容量相同的三相异步电动机，一般有 3000r/min、1500r/min、1000r/min 和 750r/min 四种同步转速。电动机同步转速越高，磁极对数越少，外部尺寸越小，价格越低。但是，电动机转速越高，传动装置总传动比越大，会使传动装置外部尺寸增加，增加制造成本。而电动机同步转速越低，其优缺点则相反。综合考虑以上因素，本设计选用 Y802-4 型电动机，主要参数：额定功率为 0.75kW，额定转速为 1390r/min，最大转矩为 2.3N·m。

2. 传送带的结构设计

汽车模型柔性自动化生产线传送带的主要功能是根据生产流程，将汽车模型零件托盘传送到某个工作台上的加工工位，固定托盘后对托盘上的零件进行加工，加工完成后，将零件放回托盘，然后传送带将零件托盘传送至下一个工作台的加工工位。

作者基于 SolidWorks 软件开展了汽车模型自动化生产线传送带的三维结构设计，设计步骤如下：

1）根据生产线传送带实际总长（8407mm）和总宽（240mm），在 SolidWorks 软件中绘制传送带侧面草图，使用拉伸功能建立传送带主体三维模型。

2）传送带的主体三维模型设计完成后，再开展传送带支架、底座等配件的设计。首先，选择传送带支架材料和型号，根据实际情况，传送带支架材料选择欧标铝型材 4040-2.0 标准款；然后开展支架的三维结构设计；最后开展底座的三维结构设计，传送带支架的二维视图如图 2-13 和图 2-14 所示。

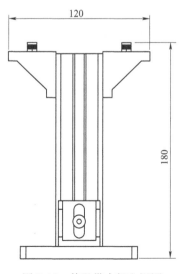

图 2-13　传送带支架左视图

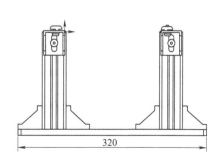

图 2-14　传送带支架主视图

3）进行传送带支架和传送带装配，开展气缸选型设计。传送带气缸主要有滑台气缸和推进气缸两种，本设计选用 MXS16-40 系列滑台气缸。完成气缸选型后，在传送带上安装气缸。零件出库单元使用两个滑台气缸，电主轴加工、钻孔加工、加工检测、喷涂中心、车身装配及小车入库六个单元，每个单元使用 3 个滑台气缸，因此本汽车模型柔性自动化生产线共使用 20 个 MXS16-40 系列滑台气缸。

4）进行电动机选型并将其装配在传送带上，然后绘制设计其他配件，与传送带进行装配，形成传送带装配体，传送带装配体如图 2-15 和图 2-16 所示。

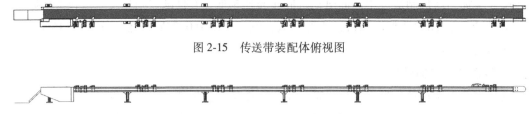

图 2-15　传送带装配体俯视图

图 2-16　传送带装配体主视图

2.2.3　气动装置设计

本设计汽车模型柔性自动化生产线中的传送带使用了滑台气缸，滑台气缸是将滑台与气缸相结合的气动元件，一般用于精密仪器的搬运输送，精度较高。本设计中的滑台气缸主要用于当小车托盘移动到某个工作单元时，阻止小车托盘沿传送带继续前行，同时固定小车托盘。

本设计选用 MXS16-40 系列滑台气缸，该滑台气缸为双作用单杆活塞缸，气缸行程为40mm，缸径为16mm。气缸使用的流体是压缩空气，最高工作压力为 0.7MPa，最低工作压力为 0.3MPa，接管直径为 M5×0.8，气缸理论输出力与缸径的关系见表 2-1。

表 2-1　气缸理论输出力与缸径的关系

缸径 D/mm	压缩气体压强 P/MPa				
	0.3	0.4	0.5	0.6	0.7
	气缸理论输出力 F/kN				
6	0.85	1.13	1.41	1.7	1.98
10	2.36	3.14	3.93	4.71	5.5
12	3.39	4.52	5.65	6.78	7.91
16	6.03	8.04	10.1	12.1	14.1
20	9.42	12.6	15.7	18.8	22
25	14.7	19.6	24.5	29.4	34.4
32	24.1	32.2	40.2	48.3	56.3
40	37.7	50.3	62.8	75.4	88
50	58.9	78.5	98.2	117	137
63	93.5	125	156	187	218

电磁气阀控制、气控气阀控制及气控逻辑元件控制三种气动元件控制方式在安全可靠

性、气源净化要求、元件体积控制、元件无功耗气量及元件带负载能力等方面的性能都有所差异，其性能比较见表 2-2。比较三种气动元件控制方式的性能特点后，结合本设计的实际情况后，选用气控气阀控制方式。

表 2-2　不同气控元件控制方式的性能比较

比较项目	控制方式		
	电磁气阀控制	气控气阀控制	气控逻辑元件控制
安全可靠性	较好（交流易烧线圈）	较好	较好
气源净化要求	一般	一般	一般
控制元件体积	一般	大	较小
元件无功耗气量	很小	很小	小
元件带负载能力	高	高	较高
价格	稍贵	一般	便宜

工厂常用压缩空气的压强为 0.5MPa，气缸直径为 16mm，从表 2-1 可知，气缸理论输出力 $F = 10.1N$。已知小车托盘的质量为 3kg，气缸与表面的摩擦系数 μ 忽略不计，气缸行程 $L = 40mm$，气缸的响应时间 $t = 0.2s$。

气缸的理论推力 F_0 为

$$F_0 = \frac{\pi}{4} D^2 p = \frac{\pi}{4} \times 16^2 \times 0.5N = 100.48N$$

其中，D 为气缸直径（mm）；p 为气缸的工作压强（MPa）。

气缸的实际拉力 F_1 为

$$F_1 = \frac{\pi}{4} (D^2 - d^2) p = \frac{\pi}{4} \times [16^2 - (0.3 \times 16)^2] \times 0.5N = 91.4N$$

其中，d 为活塞杆直径（mm），一般取 $d = 0.3D$。

气缸的平均速度 v

$$v = L/t = 40/0.2mm/s = 200mm/s$$

由气缸的直径计算公式得到单杆双作用气缸缸径为

$$D = \sqrt{\frac{4F_0}{\pi p}} = \sqrt{\frac{4 \times 100.48}{3.14 \times 0.5}}mm = 16mm$$

计算所得结果与所选气缸缸径一致，说明设计计算结果合理，滑台气缸实体外形如图 2-17 所示。

小车托盘在自动化生产线起始端由气缸控制推出，通过流水线输送到定位装置处，小车托盘气缸选用 TN 系列 TN10-20S 型双杆气缸，其中 TN 表示复动型双轴气缸，10 表示缸径为 10mm，20 表示行程为 20mm，S 表示附磁石，双杆气缸实物外形如图 2-18 所示。

汽车模型生产线上选用 MXS16-40AS 型滑台气缸来阻挡定位，滑台气缸缸径为 16mm，行程为 40mm，具有不易生锈、硬度高、耐磨性好、气密性好、使用寿命长等特点，安装面全部采用钢丝扣，不易滑牙。

图 2-17　滑台气缸实体外形　　　　　　图 2-18　双杆气缸实物外形

2.2.4　光电传感器选型

光电接近开关是限位开关的一种类型，是一种可以识别外界灯光变化的传感器感应元件。本设计综合考虑传感器的性能、成本、使用环境、工作效率等因素，选用 E2B-M12KS02-WP-B1 型光电接近开关。在本设计中，被检测物体接近传感器时，光电元件会检测光源的变化并发送信号。传感器把检测的物理量转化为回路的电流变化量，当传感器检测到工装托盘到达指定加工工位时，向滑台气缸发送阻挡信号，阻挡定位待加工的工件。然后，传感器向机器人发送工作信号，机器人用吸盘吸取传送带上的零件到托盘的工位上。如果传感器检测到物料盘已经装满零件，则会及时发出放行工作信号，然后传送带带动装满零件的托盘进入到下一个工序。

该接近开关的螺纹长度为标准型，三极管的输出类型为 PNP 型，可以通过 MS 标准螺纹孔来连接，E2B-M12KS02-WP-B1 的二维结构如图 2-19 所示。

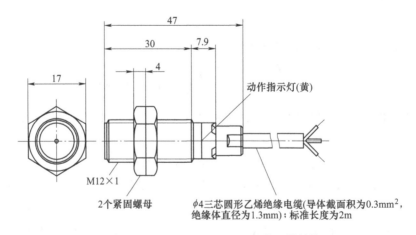

图 2-19　E2B-M12KS02-WP-B1 的二维结构

2.3　单体工作站结构设计

2.3.1　零件出库单元工作站结构设计

1. 出库单元料仓结构设计

汽车模型零件的种类复杂且难以自动定向排列，因此本设计采用料仓式自动上、下料装置来实现汽车模型零件的有序仓储。料仓三维结构如图 2-20 所示。其支架采用欧标铝型材 4040，承载板采用 AI6061 材料，汽车模型零件采用 3D 打印材料 ABS。料仓 3 层均匀间隔设计，每层从左至右依次存放车轮、车尾、车头、底盘及车身零件。在加工前，人工将汽车模型零件放置在料仓中相应的位置上，启动生产线工作，再由三轴直角坐标机械手将汽车模型零件移动到托盘中。底座上安装了光电传感器，用于检测底座上是否有零件，同时底座下方还安装了红绿指示灯来显示当前位置上是否有零件。

料仓中不同的仓位对应放置不同的零件，各仓位的设计如图 2-21 所示。仓位与汽车零件采用用于 3D 打印的主要材料 ABS，该材料具有

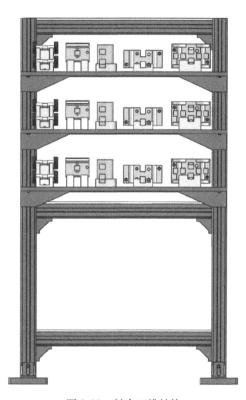

图 2-20　料仓三维结构

耐热性、抗冲击性、耐低温性、电气性能优良、制品尺寸稳定等特点。

料仓每层设计三个承载板，每个承载板上依照顺序放置车轮架、车尾架、车头架、底盘架和车身架五个仓位，根据汽车模型零件的实际尺寸，每层间距设计成 144mm，承载板通过螺纹孔、螺钉和 T 形螺母与支架连接固定。承载板采用 SUS304 材料，有较高的耐蚀性、耐热性和机械性能。承载板的三维结构如图 2-22 所示。

2. 出库单元机械手结构设计

针对汽车模型零件出库单元机械手的结构设计方案对比研究分析如下：

1) 关节机器人结构设计。关节机器人通过控制关节的旋转、平移使末端执行器准确夹取料仓里的汽车零件，并放入托盘内。

2) 三轴直角坐标机械手结构设计。三轴直角坐标机械手通过机械手 X 轴、Y 轴及 Z 轴的往复运动使得 Z 轴上的夹持器可以准确夹取料仓里的汽车零件，并放入托盘内。

3) 两种机械手结构特点对比分析。关节机器人的主要特点是自由度高，可实现 5~6 轴自由编程，适合多个运动轨迹或工作角度，能完成全自动化工作，可提高生产率，且错误率

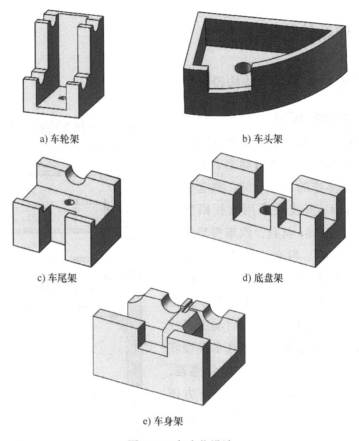

a) 车轮架   b) 车头架

c) 车尾架   d) 底盘架

e) 车身架

图 2-21　各仓位设计

可控，可替代大量复杂的人工劳动和危险的工作。但关节机器人初期投资成本高，生产之前需进行计算机编程和仿真等多项准备工作，要花费较长的准备时间。

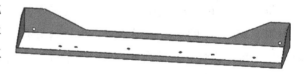

图 2-22　承载板的三维结构

三轴直角坐标机械手的主要特点是重复定位精度高、设备面积空间小、有效行程可定制、支持多种驱动方式、单体速度运动快、寿命长、成本低、可搭建多种结构。

根据两种机械手结构特点，结合教学用柔性自化生产线运动的实际工作情况，综合设备的性价比等因素，本设计采用三轴直角坐标机械手完成汽车零件出库工艺。

在开展汽车模型零件出库单元结构设计时，主要考虑满足以下基本要求：

1）三轴直角坐标机械手的运动轨迹定位精度要高，以保证夹持器在夹取零件时，夹持器位置与汽车零件放置位置不发生偏移，缩短生产周期，提高工作效率。

2）科学合理地布置生产线传送带、三轴直角坐标机械手、料仓及人机交互界面的位置，实现最优的工作空间利用。

三轴直角坐标机械手三维结构如图 2-23 所示。其中，直线模组主要由模组安装座、伺服电动机、电动机架、联轴器、丝杠、直线导轨、丝杠轴承支座以及直线导轨滑块组成，行程范围为 500mm×600mm×600mm，旋转气缸旋转角度为 ±90°。伺服电动机驱动螺杆做往复运动，旋转气缸使气动手指在行程范围内任意移动，且运行平稳。在每个轴的运动方向都设置起止感应器检测开关，以保护滑台和电动机不超出行程范围，防止超出行程损坏设备。三轴直角坐标机械手通过直线模组往复运动以及旋转气缸旋转运动控制夹持器到达零件位置，并依次夹取车轮、车尾、车头、车身及车底盘放入托盘。

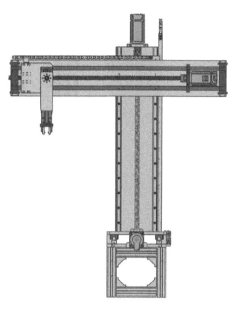

图 2-23　三轴直角坐标机械手三维结构

3. 出库单元总体结构设计

零件出库单元工作站由工作台、料仓、生产线、三轴直角坐标机械手及人机交互界面组成。电源启动，双缸气缸将小车托盘推出送至输送带定位装置处，感应器检测到工装托盘到位，滑台气缸将阻挡定位托盘，然后感应器给予控制台信号，三轴直角坐标机械手开始取料；三轴直角坐标机械手前端感应器感应到物料后，通过 MHZL2-16D 气动手指抓取零件，旋转气缸旋转 90°，将小车各零件逐一放置到已定位好的工装托盘上；工装托盘零件装满后，向控制台发出信号，三轴直角坐标机械手停止取料，输送带将装好零件的工装托盘输送至下一加工工位。图 2-24 所示为利用 SolidWorks 软件设计的零件出库单元工作站的正视图、左视图、俯视图及上、下二等轴测图。

4. 伺服电动机选型设计

伺服电动机选型时，需综合考虑电动机的功耗、大小、体积、质量、转速及力矩等因素。本设计主要根据零件出库单元模组负载惯量和负载转矩计算数据，结合不同型号伺服电动机的性能参数，选用适合本零件出库单元工作使用的伺服电动机。伺服电动机选型的计算步骤如下：

1）计算丝杠导轨力矩。丝杠导轨质量为 0.5kg，丝杠直径为 30mm 物料盘的质量约为 5kg，丝杠提供的最大推进力 F 约为 70N，丝杠行程 $L=0.6$m，则力矩 $M_{丝杠}$ 为

$$M_{丝杆} = F \times L = 70 \times 0.6 = 42(\text{N} \cdot \text{m})$$

2）计算丝杠负载转动惯量。首先，确定丝杆导轨的转动惯量 $J_{丝杠}$。

$$J_{丝杆} = \frac{1}{2}M_{丝杆}R^2 = \frac{\pi}{32}D^4L\rho = \frac{3.14}{32} \times 0.03^4 \times 0.6 \times 7.8 \times 10^3$$

$$= 0.000372(\text{kg} \cdot \text{m}^2)$$

其中，ρ 为丝杆密度，值为 $7.8 \times 10^3 \text{kg/m}^3$。

然后，确定物料盘的转动惯量 $J_{物}$。

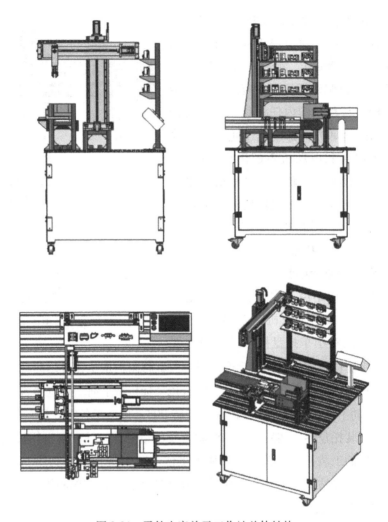

图 2-24 零件出库单元工作站总体结构

$$J_物 = M_物 \left(\frac{t}{2\pi} \right)^2 = 42 \times \left(\frac{0.01}{2\pi} \right)^2 = 0.000107 (\mathrm{kg \cdot m^2})$$

其中，t 为物料盘导程，距离为 10mm。

故丝杠负载转动惯量 $J_{负载}$ 为

$$J_{负载} = J_{丝杠} + J_物 = 0.000372 + 0.000107 = 0.000479 (\mathrm{kg \cdot m^2})$$

3）计算丝杠导轨转矩。根据电动机参数表得到 60 系列伺服电动机的额定功率 P 为 0.5kW，额定转速 n 为 3000r/min，则转矩 T 为

$$T = 9550 \frac{P}{n} = 9550 \times \frac{0.5}{3000} = 1.59 (\mathrm{N \cdot m})$$

设水平丝杠的摩擦负载转矩为 T_1，导轨的摩擦系数 μ 为 0.004，则丝杠导轨的摩擦负载转矩为

$$T_1 = M_{丝杠} g \frac{t}{2\pi} f = 42 \times 10 \times \frac{0.01}{2\pi} \times 0.004 = 0.0027 (\mathrm{N \cdot m})$$

在有物料负载的情况下，丝杠传动时的转矩一般不超过电动机的额定转矩，丝杠提供的最大推进力约为70N，则负载转矩为

$$T_2 = F_{推}\frac{t}{2\pi\eta} + T_1 = 70 \times \frac{0.01}{2\pi \times 0.8} + 0.0027 = 0.142(\text{N} \cdot \text{m})$$

其中，η 为工作效率，值为 0.8。

经计算，丝杠导轨的总体负载转矩小于 60 系列伺服电动机的额定转矩，因此 60 系列伺服电动机可以驱动本设计中的丝杠导轨运动。

选用的电动机应满足以下条件：负载转矩≤电动机额定转矩；电动机最大转速≤电动机额定转速；负载最大功率≤电动机额定功率；负载转动惯量≤电动机额定转动惯量。

根据以上条件，选用台达 B2 系列 ECMA-C20604RS 400W 型号的伺服电动机，外形如图 2-25 所示，以及相应的伺服驱动器 ASD-B2-0421-B，外形如图 2-26 所示。参数含义：ASD 表示伺服驱动器名称为 AC Servo Drive；B2 表示产品系列；04 表示额定输出功率为 400W；21 表示驱动器为单相或三相 220V；B 为机种代码，表示标准品。

图 2-25　伺服电动机外形

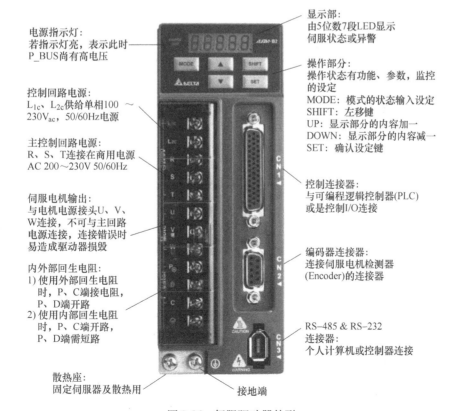

电源指示灯：
若指示灯亮，表示此时 P_BUS 尚有高电压

控制回路电源：
L_{1c}、L_{2c}供给单相100 ～ 230V_{ac}，50/60Hz电源

主控制回路电源：
R、S、T连接在商用电源 AC 200～230V 50/60Hz

伺服电机输出：
与电机电源接头U、V、W连接，不可与主回路电源连接，连接错误时易造成驱动器损毁

内外部回生电阻：
1) 使用外部回生电阻时，P、C端接电阻，P、D端开路
2) 使用内部回生电阻时，P、C端开路，P、D端需短路

散热座：
固定伺服器及散热用

显示部：
由5位数7段LED显示伺服状态或异警

操作部分：
操作状态有功能、参数，监控的设定
MODE：模式的状态输入设定
SHIFT：左移键
UP：显示部分的内容加一
DOWN：显示部分的内容减一
SET：确认设定键

控制连接器：
与可编程逻辑控制器(PLC)或是控制I/O连接

编码器连接器：
连接伺服电机检测器(Encoder)的连接器

RS–485 & RS–232 连接器：
个人计算机或控制器连接

接地端

图 2-26　伺服驱动器外形

2.3.2 电主轴加工单元工作站结构设计

1. 电主轴加工单元机器人选用

在设计本单元工作站时，根据电主轴加工单元的实际工作情况，选用了 SCARA 四轴串联机器人。该机器人主要适用于桌面级生产线作业，具有运行速度快、性价比高、加工精度高等性能特点，质量为 25kg，主要参数有效最大载荷为 6kg、有效作业半径约为 450mm、作业功率约为 200W。SCARA 四轴机器人使用 DX2006 型控制柜，轴的合成速度为 2070～2150rad/s。SCARA 四轴机器人是小零件装配、物料搬运和零件检测生产线设计的理想选择。该四轴串联机器人动作灵活，可快速精准抓放生产线上的零部件。汽车模型柔性自动化生产线使用本款机器人，可提升汽车模型零件的装配效率，减少人工作业的强度，降低作业的安全风险。SCARA 四轴机器人的二维结构如图 2-27 所示。

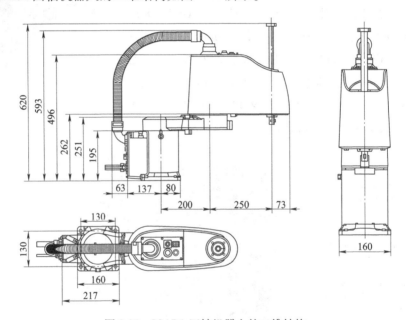

图 2-27　SCARA 四轴机器人的二维结构

2. 丝杠模组三维结构设计

在汽车模型柔性自动化生产线电主轴加工单元中，丝杠导轨的主要作用是运送物料台上的物料，给电主轴进行打

图 2-28　丝杠模组的三维结构

磨加工。综合考虑物料质量和机器人作业半径等相关因素，初步设定丝杠的总长度为 600mm。整个电主轴加工单元的工作站尺寸为 1200mm×1100mm×1100mm，初定丝杠的长度小于工作站整体的长度，符合设计要求。丝杠模组的三维结构如图 2-28 所示。

3. 高性能电主轴结构设计与分析

高速电主轴的内部结构较为复杂，在设计电主轴的三维结构时，需要充分考虑电主轴的加工精度和准确度等问题。考虑电主轴的主要加工对象是汽车模型零件，本设计选用 60 系列直流无刷电动机。该款电动机的材料为永磁体，具有运转比较平稳、寿命长、额定输出功率低等特点，是一款能源节约型电动机。通过电主轴的三维建模和内部回油路线，完成电主轴的内部结构图绘制，电主轴外形和内部结构如图 2-29 和图 2-30 所示。

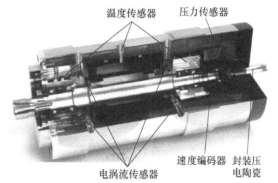

图 2-29 电主轴外形　　　　　　图 2-30 电主轴内部结构

电主轴打磨加工台主要由 60 系列伺服电动机、电动机支撑架和支撑底座组成。电主轴的加工精度主要影响小车零件的打磨加工质量，因此高性能电主轴打磨工作台的设计能提高汽车模型零部件的生产率和产品质量。该款电主轴打磨机有两个自由度，可通过调节上升、下降高度来保证物料盘上的汽车零件得到有效加工。汽车模型柔性自动化生产线电主轴打磨加工台的三维结构设计如图 2-31 所示。

图 2-31 电主轴打磨加工台的三维结构设计

4. 电主轴加工单元总体结构设计

电主轴加工单元设计的主要步骤是先设计出电主轴加工单元的各个零件，然后把所有零件组装起来，形成电主轴加工单元的整体结构。汽车模型柔性自动化生产线电主轴加工单元的零件主要包括模组、电磨机、传送带、SCARA 四轴机器人、工作台、三脚架、物料盘、小车装配零件、人机交互界面、工作台、机器人工装夹具、夹紧气缸、前挡气缸、后挡气缸及光电开关等，基于 SolidWorks 开展的汽车模型柔性自动化生产线三维结构设计如图 2-32 所示。

根据国家制图相关标准和技术要求，选择合适的绘图比例，绘制的电主轴加工单元平面结构如图 2-33 所示。

5. 气动系统选型设计

电主轴加工单元工作站的设计需求主要是通过气缸的插销挡板定位固定待加工汽车模型柔性自动化生产线零件，因此本设计主要选用滑台气缸来开展电主轴加工单元气动系统的设计。滑台气缸是将气缸和滑台组合在一起的气动元件，主要适用于精密的加工、定位、工件运输等场合。本设计综合考虑功能要求、空间要求、精度要求等方面来进行滑台气缸的选

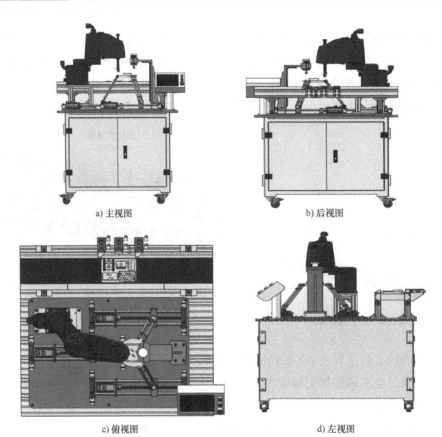

a) 主视图   b) 后视图

c) 俯视图   d) 左视图

图 2-32 汽车模型柔性自动化生产线三维结构设计

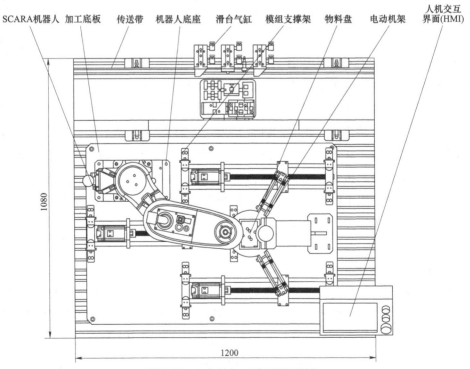

图 2-33 电主轴加工单元平面结构

择。滑台气缸直接安装在工作传送带上，其质量轻，安装和更换方便。本设计选用 MXS12-40AS-M9NL 系列线性滑台气缸。该款气缸是双作用单杆活塞缸，气缸行程为 40mm，缸径为 $\phi 12mm$。气缸使用的流体是压缩空气，气缸的最高使用压力为 0.7MPa，气缸的标准配备口径为 M5，气缸的行程分别为 10mm、20mm、30mm、40mm、50mm、75mm 和 100mm。气缸属于 L 滑台型，通用环境中使用，滑台的尺寸为 60mm。气缸理论输出力与缸径的关系见表 2-1。

气缸的选型设计流程如图 2-34 所示。

本设计中电主轴加工单元工作站的 SCARA 四轴机器人的机械手采用真空吸盘设计，在电磁换向阀回路中设计安装真空发生器，抽取一定空气形成真空状态，当外界大气压大于吸盘内部的真空压强时，小车零件被真空吸盘吸起。气动三联件把多个气动控制元件组合在一起，与气缸共同组成了整个气动系统，其工作原理如图 2-35 所示。

图 2-34　气缸的选型设计流程

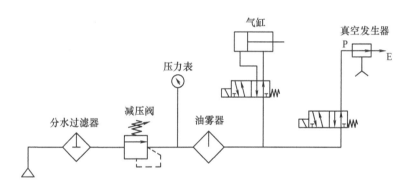

图 2-35　气动系统的工作原理

气动控制元件一般分为减压阀、溢流阀、流量阀和方向阀，气控方式有气阀电磁控制、气阀气动控制及气动元件控制三种，其性能比较见表 2-3。设计时主要根据气动控制元件的选用原则选择合适的气动元件控制方式，本设计综合考虑系统控制性能和安全性，选用气阀气动控制。

表 2-3　不同气控方式的性能比较

比较项目	控制方式		
	气阀电磁控制	气阀气动控制	气动元件控制
安全可靠性	较好（交流易烧线圈）	较好	较好
恶劣条件适应度（易燃、易爆、潮湿等）	比较差	比较好	非常好

（续）

比较项目	控制方式		
	气阀电磁控制	气阀气动控制	气动元件控制
气源净化要求	一般	一般	一般
长距离控制度，传动速度	良好，快	一般，大于零点几毫秒	一般，几毫秒~零点几毫秒
控制元件体积	一般	大	较小
元件无功耗气量	很小	很小	小
元件带负载能力	高	高	较高
价格	稍贵	一般	便宜

从 2-1 表可知，当真空气压为 0.5MPa 时，气缸直径为 12mm，气缸的理论输出力 $F=$ 5.65N。已知小车托盘的质量为 5kg，气缸与表面的摩擦系数 μ 为 0.5，气缸行程 $L=100mm$，气缸响应时间 $t=1s$，气缸的压缩气压为 0.5MPa。

气缸的理论推力 F_0 为

$$F_0 = \frac{\pi}{4}D^2 p = \frac{\pi}{4} \times 12^2 \times 0.5N = 56.5N$$

其中，D 为气缸直径（mm）；p 为额定工况下的气缸压强（MPa）。

气缸的实际推力 F_0' 为

$$F_0' = \frac{\pi}{4}(D^2 - d^2)p = \frac{\pi}{4} \times [12^2 - (0.3 \times 12)^2] \times 0.5N = 51.4N$$

其中，d 为活塞杆直径（mm），一般取 $d=0.3D$。

气缸的轴向负载 F 为

$$F = \mu mg = 0.5 \times 5 \times 10N = 25N$$

气缸的平均速度 v 为

$$v = \frac{s}{t} = \frac{100}{1}mm/s = 100mm/s$$

气缸速度为 100~500mm/s 时，通常取 $\eta = 0.5$，η 为气缸的负载率。

理论输出力 F_1 为

$$F_1 = \frac{F}{\eta} = \frac{25}{0.5}N = 50N$$

由气缸直径公式计算得到单杆活塞缸缸径 D 为

$$D = \sqrt{\frac{4F_0}{\pi p}} = \sqrt{\frac{4 \times 56.5}{3.14 \times 0.5}}mm = 11.997mm \approx 12mm$$

四舍五入后与本设计选用的气缸缸径 ϕ12mm 保持一致，故气缸直径选用合理。

2.3.3 钻孔加工单元工作站结构设计

1. 钻孔加工工艺分析

钻孔加工单元主要对车身实施钻孔加工，由钻头、电主轴及夹具组成。本设计的汽车模型柔性自动化生产线钻孔加工单元的十字加工平台行程范围为 300mm×300mm×150mm，运行平稳。机械手将待加工车身零件放置于十字加工平台，车身零件随十字加工平台在 XY 平面的 300mm×300mm 范围内运动至电动机主轴下方加工位，钻孔加工单元钻头对其进行钻孔加工。本设计中，电动机可上下运动，根据不同的加工需求进行不同孔径的加工。十字加工平台每一个轴的方向都安装起止感应器检测开关，以防止滑台和电动机工作超程，影响设备性能及工作安全，车身零件钻孔加工前后对比如图 2-36 和图 2-37 所示。

图 2-36 车身零件钻孔加工前

图 2-37 车身零件钻孔加工后

根据车身零件设计工艺要求，需要在车身零件表面同一轴线上加工两个直径为 8mm 的孔，因此选用直径为 8mm 的钻头。考虑待加工车身零件材料为 3D 打印的工程塑料，钻头选用工程上常用的高速钢材料麻花钻头，如图 2-38 所示。

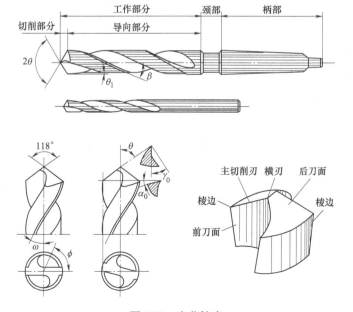

图 2-38 麻花钻头

查表 2-4 可得，汽车模型柔性自动化生产线钻孔加工单元选用以高速钢为材料的麻花钻头的切削速度为 26～38m/min，钻头每转一周沿进给方向移动的距离（进给量）为 0.1～0.3mm/r。

表 2-4　高速钢钻头钻削的切削速度 v_c 和进给量 f

材料	切削速度 v_c/（m/min）	进给量 f/（mm/r）
铸件	26～38	0.15～0.3
钢（铸钢）	26～38	0.1～0.3
铜铝	28～45	0.15～0.4

2. 钻孔加工单元工作站总体结构设计

首先开展钻孔加工单元工作站的零件结构设计，主要包括电主轴、直角坐标机械手、分度盘及模组等零件的结构设计，其次开展传送带以及人机交互界面（HMI）的设计绘制，最后利用 SolidwWorks 软件的装配功能装配零件，形成装配体，利用配合功能将各装配体组合在一起，完成汽车模型柔性自动化生产线钻孔加工单元工作站的三维结构设计，如图 2-39 所示。

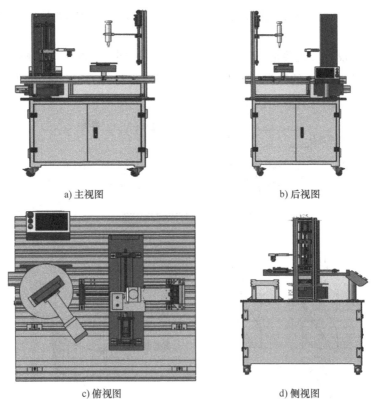

a) 主视图　　　　　　　　　　　　　　b) 后视图

c) 俯视图　　　　　　　　　　　　　　d) 侧视图

图 2-39　钻孔加工单元工作站的三维结构设计

3. 钻孔加工单元工作站工作流程

1）启动电源，小车零件置于工装上，经过输送带输送到定位装置处，感应器检测到小车的位置后，向控制台发出信号，旋转机械手开始旋转移动，旋转气缸旋转 90°，夹爪气缸转向小车位置。

2）旋转机械手上的夹爪气缸下落至小车的上方，运动到抓取工作位置后，向控制台发出信号，气缸启动，夹爪夹住小车车身，旋转机械手向上运动到初始位置。

3）旋转机械手旋转，完成复位，等待十字加工台复位，夹爪气缸夹取小车车身，将其放置在加工滑台上，通过滑台定位销钉定位小车车身。

4）十字滑台沿 X、Y 方向运动，十字滑台上的小车车身移动至电主轴加工孔 1 工位；十字滑台沿 Z 方向移动，电动机主轴移动至加工位，向控制台发出信号，电动机主轴停止向下移动，电动机主轴旋转，在小车车身上完成孔 1 的钻削加工。

5）钻削加工孔 2。电动机主轴上升，留下十字滑台移动的空间，十字滑台移动，小车车身移动至电主轴加工孔 2 工位，十字滑台沿 Z 方向移动，电动机主轴移动至加工位，向控制台发出信号，电动机主轴停止向下移动，电动机主轴旋转，在小车车身上完成孔 2 的钻削加工。孔 1、孔 2 加工完成，电动机主轴沿 Z 方向运动，回到零点位置。

6）十字滑台沿 X、Y 方向移动，回到零点位置，机械手旋转，夹爪气缸夹取车身旋转，将加工完成的车身放置在生产线上的汽车模型零件工装上。按下钻孔加工单元工作站急停按钮，关闭电源，钻孔完成的小车车身随着传送带移动至下一个加工工位。

2.3.4 加工检测单元工作站结构设计

1. 加工检测模块结构设计

加工检测模块主要是通过并联机器人抓取零件，放置于本工序的加工工位，由电主轴对零件进行钻孔加工，由视觉检测模块检测零件孔的尺寸，加工检测完成后机器人将汽车模型零件放回托盘上。加工检测模块的三维结构如图 2-40 所示。

本设计中为实现并联工业机械手灵活抓放零件，采用吊挂式结构设计，外部采用欧标铝型材 4040 设计框架支撑结构。欧标铝型材的框架支撑结构具有承载能力高、机构稳定的特点，其结构中包含高强度内凹的 T 形槽，以保证机器人安装的简易性和稳定性。

本设计中的并联机器人选用 ABB 公司 IRB 360 系列机器人，外形如图 2-41 所示。ABB 公司 IRB 360 系列机器人具有成熟的拾料和包装技术，与传统自动化设备相比，灵活性更高、定位精度更高、运行更稳定，本设计中的加工检测模块需保证较高的精度，IRB 360 系列机器人的性能特点满足本设计需求。

IRB 360 系列机器人包括有效负载为 1kg、3kg、6kg 和 8kg 几种型号，工作范围可达 800mm、1130mm 和 1600mm，本设计中的教学用汽车模型自动化生产线是在桌面上进行模拟加工的，机器人工作范围较小、负载较小，所选用的 IRB 360-1/800 型机器人的有效负载为 1kg，工作范围为 800mm，可满足本设计的工作需求。

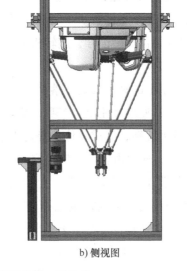

a) 主视图   b) 侧视图

图 2-40　加工检测模块的三维结构

2. 视觉模块选型设计

本设计加工尺寸检测采用视觉模块实现，通过视觉模块将摄取目标转换成图像信号，传送给专用的图像处理系统，根据像素分布和亮度、颜色等信息，转换成数字信号，图像处理系统对这些信号进行运算，抽取目标特征，进行对比检测，判断孔尺寸是否合格。

视觉检测模块用于汽车模型组件尺寸检测，图像信号提取范围为 100mm×60mm，汽车模型组件与摄像机前端距离为 80mm，位置精度为 0.1mm。本设计选取的相机型号为 Basler ace-acA1600-60gc，分辨率为 1600px×1200px，外形如图 2-42a 所示。传感器型号为 EV76C570，像素大小为 $4.5\mu m×4.5\mu m$，光源型号为 HLV2 系列，图像采集卡型号为 micro-Enable IV VQ4-GPoE(图 2-42b)。

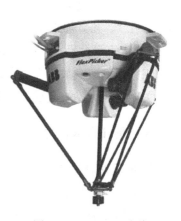

图 2-41　IRB 360 系列
工业机器人外形

a) 相机Basler ace-acA1600-60gc   b) 图像采集卡microEnable IV VQ4-GPoE

图 2-42　相机和图像采集卡

3. 加工检测单元工作站总体结构设计

汽车模型柔性自动化生产线加工检测单元由工作台、人机交互界面、加工检测模块、直角坐标机械手、输送带模块五部分组成，其三维结构如图 2-43 所示。

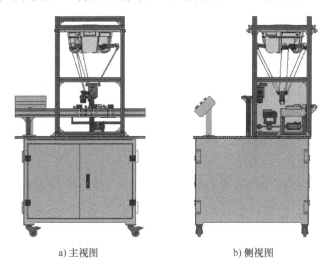

a) 主视图   b) 侧视图

图 2-43   加工检测单元的三维结构

4. 加工检测单元工作站工作流程

当小车托盘从上个加工单元经传送装置到达加工检测单元时，后挡滑台气缸伸出，挡住小车托盘，后挡滑台气缸收回，进入加工检测阶段。

当接近开关检测到小车托盘时，前挡滑台气缸伸出，阻止小车托盘继续前行，3D 锁紧滑台气缸弹出，固定小车托盘。小车托盘固定后，进入加工检测环节。并联机器人抓取小车组件放置于加工中心工作平台，直角坐标模组沿 X、Y 轴方向移动到电主轴下方，通过电主轴进行钻孔加工。完成钻孔加工后，直角坐标模组继续沿 X、Y 轴移动到视觉模块下方，通过视觉模块提取图像信息，进行孔尺寸检测。检测结束后，并联机器人夹取小车组件，放置于小车托盘固定位置。3D 锁紧滑台气缸收回，前挡滑台气缸收回，加工检测阶段完成，小车托盘沿传送带进入下一个加工工位。

2.3.5 喷涂中心单元工作站结构设计

1. 圆盘机构设计

汽车模型柔性自动化生产线喷涂中心单元圆盘机构的主要功能是盛装待喷涂的小车零件。加工圆盘是固定机构，机器人机械手根据传感器检测信号将待喷涂小车零件取出并放入旋转圆盘的固定位置。当传感器检测到小车零件到达圆盘时，圆盘开始旋转，保证双轴模组完全喷涂到每一个小车零件。喷涂工艺完成后，喷漆装置停止喷涂，圆盘停止旋转并进入初始位置。在整个喷涂过程中，圆盘机构主要起的作用是盛放物料，其材料选用工程塑料。本设计在圆盘上方设计了一个防护罩，以防止喷头喷涂油漆时飞溅至其他零件上，影响其零件的正常运行,造成污染,圆盘机构的三维结构如图 2-44 和图 2-45 所示。

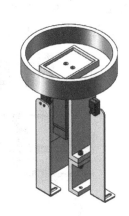

图 2-44　圆盘机构主视图　　　　　图 2-45　圆盘机构侧视图

2. 喷涂机构设计

汽车模型柔性生产线喷涂中心单元主要由直线模组、喷涂枪、丝杠模组支架台组成。喷涂中心单元的主要功能是对已经装配好的小车零件进行颜色渲染,使汽车模型整体外表美观。伺服电动机带动螺杆上下往复运动,小型电动机带动摇摆机械臂在行程范围内上下摇摆;运动方向设置起止感应器检测开关,保护滑台和电动机运动不超程,避免影响设备正常工作及使用性能。

在汽车工业生产中,喷涂作业是一项十分重要的生产工艺,汽车装配体通过喷涂业完成最终的工艺并出库交付使用。喷涂机构中喷枪高度会随着丝杠模组的运动位置而变化,当喷枪运动到合适的喷涂位置时,会自动识别并向圆盘中的小车零件喷涂油漆。支架台固定在工作台上,起支撑模组作用。喷枪的材料选用工业塑料,可以满足小车零件喷涂作业的基本要求,喷涂单元的三维结构如图 2-46 和图 2-47 所示。

图 2-46　喷涂单元侧视图　　　　　图 2-47　喷涂单元主视图

3. 喷涂中心单元工作站总体结构设计

汽车模型柔性自动化生产线喷涂中心单元工作站总体结构如图 2-48 所示。

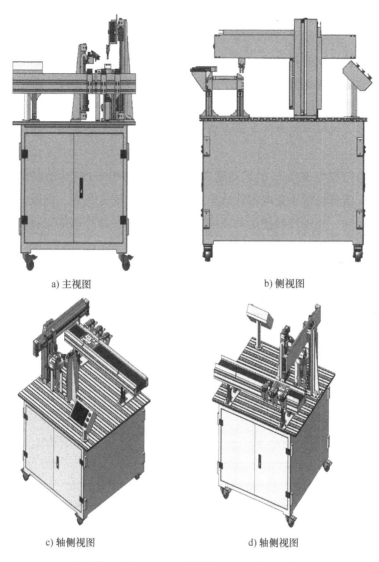

a) 主视图   b) 侧视图

c) 轴侧视图   d) 轴侧视图

图 2-48 汽车模型柔性自动化生产线喷涂中心单元工作站总体结构

4. 喷涂中心单元工作站工作流程

传送带将工装托盘输送至喷涂中心单元工作站加工工位，感应器检测工装托盘到达加工工位后，MXS16-40 汽缸定位工装托盘，感应器向控制台发出信号，机器人机械手根据传感器检测信号将待喷涂小车零件取出，并放置到旋转托盘的固定位置。传感器检测小车零件到达加工工位后，旋转托盘转动，根据传感器检测信号摇摆调整喷漆位置开始喷漆。喷漆完成后，喷漆装置停止喷漆，旋转托盘停止旋转并回到初始位置。传感器检测到回到原点的零件后，机器人机械手根据传感器检测信号夹取零件并放置到工装托盘上。传感器检测到完成喷涂的零件后，工装托盘随传送带运动到下一个加工工位。摇摆喷漆装置的上下往复运动由标准行程为 200mm 的运动副模组实现，摇摆喷漆装置的摆动由前端电动机实现，通过摇摆运动实现均匀喷漆。

在喷涂加工中，及时观察并抽检喷漆完成的零件颜色是否均匀。如不均匀，应通知操作人员调整喷涂装置，避免残次品流转到后面工序，对后续加工产生影响。喷涂加工工艺需要注意以下事项：工装托盘通过传送带运动到此工序加工工位时，汽缸夹具是否正常阻挡定位；托盘要定位准确，避免机器人机械手夹取零件不到位或夹取错误。若出现夹取零件不到位或者夹取错误的情况，应立即停机，并通知操作人员进行调整，直至零件能正常运转至喷涂完毕，然后机器人机械手将零件夹取放置到传送带上的加工托盘中，随传送带运动至下一加工工位。

转运机械手由行程为300mm的运动副模组和行程为600mm的运动副模组组成，运动副模块做往复运动，实现机械手夹取零件放置到旋转托盘的固定位置。伺服电动机连接联轴器带动螺杆做往复运动，光轴导轨使运动副模块保持平衡，在螺杆端部安装轴承，以实现更好的联动，增加运动平稳性。

汽车模型柔性自动化生产线喷涂中心单元性能参数见表2-5。

表 2-5　喷涂中心单元性能参数

功能要求	实现工件自动上下料及喷涂功能
机构形态	直角坐标式，由标准的运动副模块组成
自由度	2
负载	2kg
动作范围	Ⅰ轴行程：300mm；Ⅱ轴行程：600mm
最大速度	Ⅰ轴、Ⅱ轴：20mm/s
驱动方式	伺服电动机驱动
本体质量	15kg
运行模式	独立运行

喷涂中心单元旋转机构通过伺服电动机的驱动使喷头可以对圆盘物料台上的小车模型进行360°的喷涂。

喷涂机械手设计成两轴，Ⅰ轴、Ⅱ轴在 X、Y 轴方向运动取放零件。喷涂机械手性能参数见表2-6。

表 2-6　喷涂机械手性能参数

功能要求	实现工件自动喷涂功能
机构形态	标准运动副模块
自由度	2
动作范围	Ⅰ轴行程：300mm；Ⅱ轴转动：$-60° \sim +60°$
最大速度	Ⅰ轴：20mm/s；Ⅱ轴转动：20mm/s
本体质量	15kg
驱动方式	Ⅰ轴由高性能伺服电动机驱动，Ⅱ轴由伺服驱动
运行模式	独立运行

2.3.6　车身装配单元工作站结构设计

1. 装配工艺流程

车身装配单元工作站主要完成小车模型车身的装配工作，装配流程如图 2-49 所示。

具体装配流程如下：

1）托盘定位装配工位。传送带将托盘中的车身零件输送到车身装配单元工位，检测感应装置感应到托盘，气缸工作，卡紧固定托盘。

2）装配小车中间车身零件。六轴装配机器人移动，气动抓取装置移动到车身上方，抓取小车中间车身零件，将其移动放置在靠近输送带的定位装配工作台上进行装配。

3）装配车轮零件。六轴装配机器人移动，气动抓取装置移动到车身上方，抓取小车车轮零件，将车轮装配在已经装配好的车身上，机器人返回，重复上述动作装配其他车轮。然后机器人抓取车身底座并装配到车身，压紧车身底座使车轮固定。

4）装配车头零件。机器人抓取已装配好的小车部分零件，将装配体在竖直方向上翻转 180° 放置到另一定位装配台上，机器人抓取车头零件进行装配。

5）装配车尾零件。机器人抓取车尾零件进行装配，小车模型装配完成。

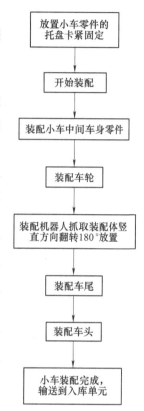

图 2-49　车身装配流程

6）装配小车输送到入库单元。小车装配完成后，机器人抓取成品小车放置在托盘上，感应器检测到小车定位于托盘位置后，输送带定位气缸退回起始位置，小车随托盘输送到入库单元。

小车装配过程示意如图 2-50 所示。

2. 车身装配单元工作站总体设计

车身装配单元工作站主要由装配机器人、输送机、车身装配放置台、人机交互界面、急停按钮、工作台等组成，各部分功能特点如下：

1）装配机器人功能。六轴串联机器人装有气动夹具，主要用于抓取汽车模型零件进行车身装配作业。

2）输送机功能。带式输送机主要用于输送小车零件到装配单元工作站进行装配，具有结构简单、便于维修和管理、输送距离长、输送能力强、便于实现自动化控制等特点。

3）车身装配放置台功能。用于放置组装小车模型过程中的小车零件，展现小车装配过程。

4）人机交互界面功能。系统和用户之间进行交互和信息交换的媒介，控制整个装配单

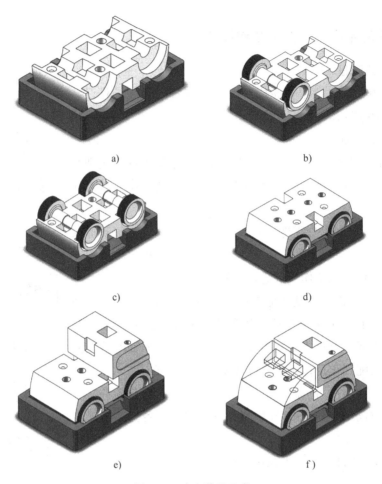

a) b)

c) d)

e) f)

图 2-50　小车装配示意

元，与系统进行交流并进行操作。

5）急停按钮功能。当装配单元出现错误时，按下急停按钮紧急停止，防止发生安全事故。

6）工作台功能。整个装配单元放置于工作台上，在工作台上进行车身装配作业。

车身装配单元工作站总体布局如图 2-51 所示。

本设计中车身装配单元工作站的规格为 1200mm×1080mm×1612mm，质量为 100kg，其总体三维结构如图 2-52 所示。

3. 车身装配放置台结构设计

车身装配放置台主要用于在组装车身部件的过程中放置车身部件，在车身装配单元中起着重要作用。汽车模型柔性自动化生产线主要用于教学，根据教学需求，车身装配放置台的结构应能使学生直观地观看车身装配的全过程，直观地掌握小车装配工艺流程，放置台与小车模型零件要相适应，其总体三维结构如图 2-53 所示。

放置台由长度为 18cm 和 20cm 的欧标铝型材 4040 构成，利用 T 形螺母、螺栓和 4040 角

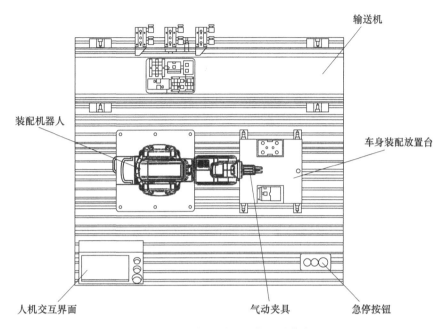

图 2-51　车身装配单元工作站总体布局

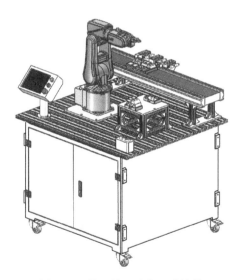

图 2-52　装配单元总体三维结构

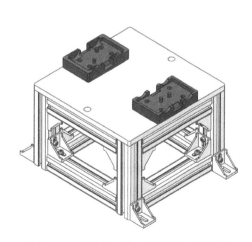

图 2-53　车身装配放置台总体三维结构

码将放置台固定连接，具有强度高、刚度大、轻巧美观的特点。

　　车身装配放置台包括两个定位装配台，材料选用 ABS 工程塑料，其结构如图 2-54 所示。

　　工装托盘上放置有前轮、后轮、中间车身、车底板、车头、车尾等零件，其中车底板需要加工，车头需要喷漆，然后机器人将所有零件装配成小车。装满小车零件的工装托盘如图 2-55 所示。托盘和小车零件的材料都选用 ABS 工程塑料。

　　装配完成的小车模型三维结构如图 2-56 所示。

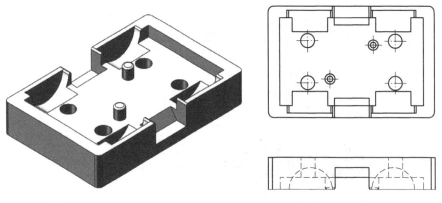

图 2-54　定位装配台结构

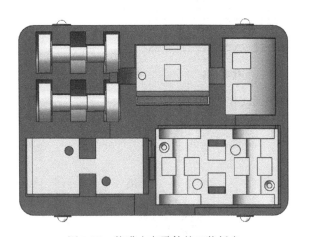

图 2-55　装满小车零件的工装托盘

图 2-56　小车模型三维结构

2.3.7　小车入库单元工作站结构设计

1. 入库机械手结构设计

本设计中柔性自动化生产线装配完成的小车质量约 2kg，根据抓取物体的质量，中小型机械手可抓取小车整体模型，机械手结构尺寸不能超出工作站整体行程。仓库最高层的仓位距离工作台 608mm，传送带距离仓库最外侧仓位 410mm，机械手距离仓库 210mm，因此 X、Y、Z 轴的行程范围有 $X \geqslant 410$mm、$Y \geqslant 210$mm、$Z \geqslant 608$mm，为增大机器人工作行程范围，且考虑机械手在 X、Y、Z 三个方向只做直线运动，故设计行程范围为 500mm×300mm×650mm 的三轴直角坐标机械手，其结构如图 2-57 所示。

三轴直角坐标机械手的主要技术参数见表 2-7。

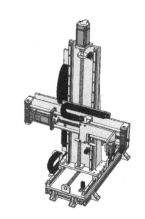

图 2-57　三轴直角坐标机械手

表 2-7　三轴直角坐标机械手的主要技术参数

技术参数	
抓取质量/kg	2
自由度	3
机构形式	直角坐标式
驱动方式	高性能伺服电动机驱动
定位方式	起止感应检测开关
轮廓尺寸/(长/mm)×(宽/mm)×(高/mm)	700×620×940
质量/kg	<15
运行模式	独立运行
程序编制方法	示教存储
控制系统动力	电
最大速度/(mm/s)	20

本设计中的三轴直角坐标机械手主要通过三个运动副模块的往复运动来夹取传送带托盘中的小车到达仓库存放位。

2. 夹持装置结构设计

本设计夹持装置选用工程塑料 ABS（丙烯腈-丁二烯-苯乙烯），ABS 材料具有较高的冲击韧性和良好的力学性能，易机械加工，能承受一定的外力作用，耐热性、耐油性能、化学稳定性及尺寸稳定性好，综合性能见表 2-8。

表 2-8　ABS 综合性能

物理、力学性能	值
密度/(g/cm^3)	1.03~1.06
抗拉强度/MPa	21~63
拉伸模量/MPa	1.8~2.9
断后伸长率（%）	23~60
抗压强度/MPa	18~70
抗弯强度/MPa	62~97(1.8~3.0GPa)
冲击韧度/(J/m^2)	123~454
硬度　HRR	62~121
成型收缩率(%)	0.4~0.7
无负荷最高使用温度/℃	66~99
连续耐热温度/℃	130~190

夹持装置结构设计如图 2-58 所示。

夹持装置夹持汽车模型示意如图 2-59 所示，手指气缸驱动夹持装置向内夹紧，突出部分与小车侧面槽口匹配，向上托起小车，完成夹取。为防止夹持装置夹紧力过大而夹坏小车，设计时既要保证小车侧面与夹持装置有一定的安全距离，又要能使夹持装置与槽口面接

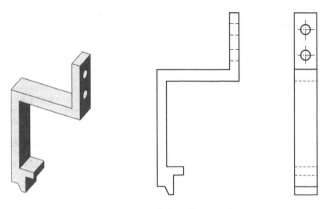

图 2-58 夹持装置结构设计

触，成功托起小车。

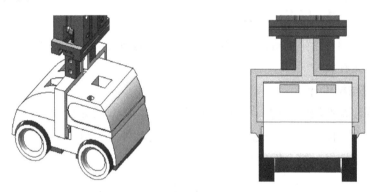

图 2-59 夹持装置夹持汽车模型示意

本设计中小车侧面距离夹持装置 4.5mm，夹持装置与小车接触面积为 2.5mm×10mm×2=50mm²，由表 2-8 可得 ABS 抗压强度为 18~70MPa，夹持气缸压强为 0.6MPa，夹持力为 30N，其竖直方向摩擦力远大于小车模型重力，可以成功夹取小车，设计合理。

3. 仓库结构设计

本设计根据入库单元布局和仓库制造工艺要求，结合自动仓储需求及空间优化设计原则，设计了仓库结构，如图 2-60 所示。

仓库架体由欧标铝型材 4040 和 T 形螺母组成，包含两层承载台，如图 2-60 所示。每层有三个仓位，可仓储 6 个小车模型，两层承载台间距为 340mm，机械手可完成下层工件的入库操作。

4. 入库单元工作站总体设计

汽车模型柔性自动化生产线装配小车入库单元是汽车模型柔性自动化生产线的最后一个工作站加工单元，主要实现已装配完成的小车模型自动入库仓储功能，入库机械手将装配好的小车模型从传送带的托盘中取出来放置到仓库中的仓储位，然后托盘随传送带下料坡滑下。入库单元主要由仓库、入库机械手、传送带、工作台、人机交互界面（HMI）五部分组

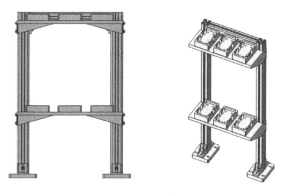

图 2-60　仓库结构

成，总体布局如图 2-61 所示。

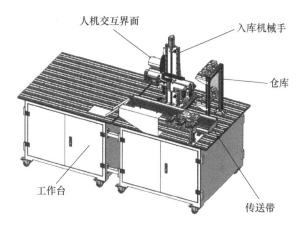

图 2-61　装配小车入库单元总体布局

5. 入库单元工作站工作流程

传送带将装有小车模型的工装托盘运送至入库单元，感应器检测到工装托盘到达加工位后，汽缸阻挡定位托盘。感应器向控制台发出信号，入库单元三轴直角坐标机械手抓取托盘中的小车模型，将其放置在仓库中的仓储位。抓取放置完成后，入库机械手回到初始位置，同时工装托盘流转进入滑道，随滑道滑出工作区域。

2.4　生产线运动仿真

2.4.1　仿真简介

汽车模型柔性自动化生产线运动仿真设计可有效检测生产线设计是否合理，为生产线设计制造提供参考，具有重要作用。生产线机器人工作站设计涉及的知识领域比较广泛，在实际生产线设计中要考虑的因素更多，对机器人参数设置应用的要求更严格，柔性自动化生产线的实际生产故障可以通过运动仿真干涉检测预防和避免，通常运用 SolidWorks 软件和 RobotStudio 软件进行自动化生产线仿真设计。RobotStudio 软件是 ABB 公司专门开发的机器人离线编程软件，具有 CAD 模型导入、离线编程、碰撞测试、仿真调试和路径自动规划等功能。通过 RobotStudio 软件建立多机器人和多台专用加工设备的自动化仿真生产线，可以模拟真实生产环境及生产过程，探寻多机器人的最佳组合方案及智能化生产工序流程，以指导机器人工作站实际作业。要建立虚拟仿真生产线，首先利用 SolidWorks 软件设计生产线工作单元的三维仿真模型。其次，通过 RobotStudio 软件构建多机器人生产线的布局，根据生产线连续运行模式，创建仿真运行 I/O 信号和动态 Smart 组件。最后，在软件中开展运动仿真检测分析，分析生产线在仿真运动中出现的故障原因，以改进生产线设计，消除仿真设计的故障。

2.4.2　生产线仿真设计

本书以生产线零件出库单元工作站仿真设计为例，阐述利用 SolidWorks 软件及 RobotStudio 软件进行仿真设计的一般步骤。

1）打开软件左下角"运动算例"界面，如图 2-62 所示。

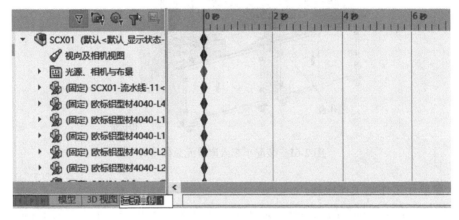

图 2-62　"运动算例"界面

2）打开"插件"选项，添加"SOLIDWORKS Motion"插件，如图 2-63 所示。

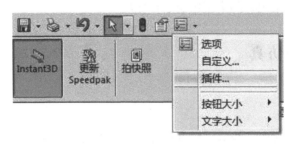

图 2-63　选择"插件"

3）勾选"SOLIDWORKS Motion"插件，勾选"ScanTo3D"后的"启动"复选框，进

行运动仿真, 如图 2-64 所示。

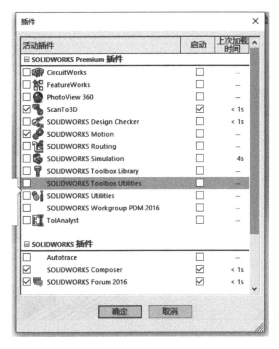

图 2-64 选择"Motion"分析

4) 在"Motion 分析"界面拖动装配体键码, 根据仿真需求确定时长, 如图 2-65 所示。

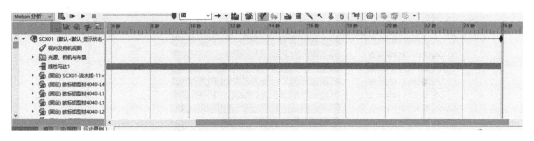

图 2-65 拖动键码

5) 单击"配合"按钮, 如图 2-66 所示。选择夹爪各平面与零件各平面进行重合或距离配合, 添加配合, 使三轴直角坐标机械手移动到指定位置, 装配体 4s 时的位姿如图 2-67 所示。

6) 单击选中移动零部件, 分别添加键码, 将配合好的位姿设定为第 4s 的视图, 如图 2-68 所示。

7) 将装配体配合删除, 再单击"计算"图标, 若时间条上的颜色为黄色, 则说明本设计的运动可实现, 如图 2-69 所示。

8) 重复 3、4、5、6 步骤, 设置不同时间三轴直角坐标机械手的位姿, 每移动一次装配体前都要先拖动键码。

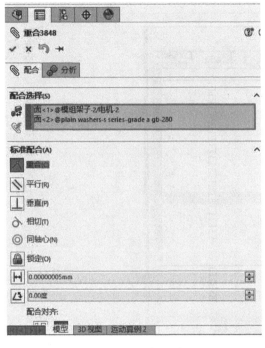

图 2-66　"配合"界面

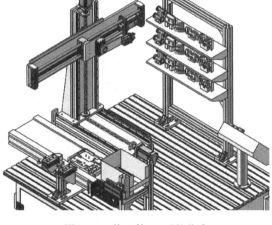

图 2-67　装配体 4s 时的位姿

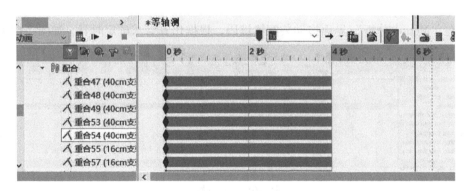

图 2-68　设置键码

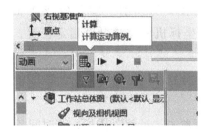

图 2-69　计算运动算例

9) 计算完成，播放动画，保存动画，设置图像大小及高宽比例参数，如图 2-70 和图 2-71 所示。

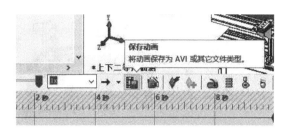

图 2-70　保存动画

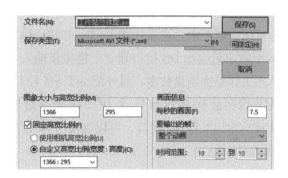

图 2-71　设置动画参数

2.5　生产线电气控制系统设计

2.5.1　电气系统总体设计与注意事项

汽车模型柔性自动化生产线电气控制系统主要包括零件出库单元、电主轴加工单元、钻孔加工单元、加工检测单元、喷涂中心单元、车身装配单元以及小车入库单元 7 个单元工作站和 1 个主控台，共 8 个控制系统模块。各单元工作站都是独立的工作站，可以独立完成加工工艺，也可以协同其他工作站开展零件加工。各工作站可独立启动运行。每个工作站单元主要由 PLC、气缸、空气开关、气缸感应器、光电开关、开关电源、伺服电动机和伺服驱动器（4、6 号工位除外）、伺服电动机位置感应器（4、6 号工位除外）以及触摸屏（6 号工位除外）等独立模块组成，电气控制系统集成在工作站单元下方的电气控制柜中，汽车模型柔性自动化生产线示意如图 2-72 所示。

PLC 是各单元工作站电气控制的核心，开展生产线设计时综合考虑工作站工作任务要求、生产成本及工作效率等因素后，选用 SIMATIC S7-1200 系列 PLC。S7-1200 PLC 是西门子公司推出的一款小型 PLC，主要面向简单、高精度的自动化控制任务，具有设计紧凑、组态灵活且指令集功能强大等特点，广泛应用于各种控制系统，由 CPU、集成电源、输入电路和输出电路通过集成设计形成，其中 CPU 根据用户程序逻辑监视输入情况更改输出，用

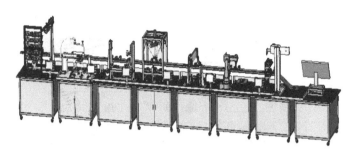

图 2-72　汽车模型柔性自动化生产线示意

户程序包含布尔逻辑、计数、定时、复杂数学运算以及与其他智能设备的通信。

　　根据各单元工作站的具体控制要求，本设计选用 CPU 1212C DC/DC/DC 型 PLC，它有 8 个数字量输入 DI 接口、6 个数字量输出 DQ 接口和 2 个模拟量输入 AI 接口。由于汽车模型柔性自动化生产线的各单元工作站控制量较多，另外配备了 SM 1223 数字量输入直流输出模块，该模块有 16 个 DC 24V 数字量 DI 接口和 16 个 DC 24V 数字量 DQ 接口。配备信号模块后，PLC 总共有 24 个 DI 接口和 22 个 DQ 接口，可以满足各单元工作站的控制需求。CPU 1212C 和 SM1223 模块如图 2-73 所示。

图 2-73　CPU 1212C 和 SM1223 模块

生产线各工作站电气系统设计一般应注意以下事项：

1）物料检测装置为光电传感器，在运行过程中不要在光电传感器范围内活动。

2）气缸运动有一定行程，应与机器保持一定距离，以免误伤机器。

3）伺服电动机感应片和感应器与参数设置有关，不能随意移动。

4）触摸屏参数确定后不可随意改动，否则直接影响机器正常运行。

5）由于急停接零线，接线时断开总电源，以免发生触电。

2.5.2　零件出库单元工作站电气控制系统设计

　　零件出库单元工作站主要是当工装托盘传送到工位后，三轴直角坐标机械手将小车模型零件按照车轮、车尾、车头、车身及车底盘的顺序放置到工装托盘上，全部放置完毕后，气缸取消阻挡，工装托盘随传送带运动至电主轴加工单元工位。

1. 零件出库单元工作站启动与停止设计

1）启动运行方式。本设计中零件出库单元工作站有 4 种启动运行方式：操作零件出库单元工作站的绿色启动按钮；触摸零件出库单元工作站触摸屏上的启动按钮；触摸总控台零件出库单元工作站触摸屏上的启动按钮；操作总控台生产线的绿色启动按钮（启动后，生产线所有工作站运行）。

2）停止运行方式。本设计中零件出库单元工作站有 4 种停止运行方式：操作零件出库单元工作站的红色停止按钮；触摸零件出库单元工作站触摸屏上的停止按钮；触摸总控台零件出库单元工作站触摸屏上的停止按钮；操作总控台生产线的红色停止按钮（停止后，生产线所有工作站停止运行）。

零件出库单元工作站和总控台都装有急停按钮，按下零件出库单元工作站急停按钮，该工位断电；按下总控台急停按钮，生产线所有工作站全部断电。

2. 零件出库单元工作站电气原理设计

零件出库单元工作站电气系统控制工作流程：启动零件出库单元工作站，各伺服电动机回零，前挡气缸置位后，推气缸推出托盘。光电传感器检测到小车零件，插销气缸置位，固定工装托盘，旋转气缸置位，X、Z、Y 方向伺服依次运动，Y 方向运行到位，机械手夹取工件，Z 方向退回，Y 方向退回，到位后气缸复位，然后 X 方向进，最后 Z 方向进，直至到位，夹气缸复位，放开小车零件，然后 Z、X、Y 方向伺服依次回零，气缸旋转置位，开展下一零件夹取放置工作。第一层工件夹取完成，插销气缸复位，前挡气缸复位，放置装满零件的托盘，光电传感器检测到没有零件后，推气缸再推出下一托盘，开展第二层零件夹取放置工作，第二层零件夹取完成后，夹取第三层零件，第三层零件夹取完成后，再进行第一层零件夹取，依次循环。按下停止按钮，所有气缸复位，伺服电动机停止运转，零件出库单元工作站电气原理如图 2-74 所示。

3. 零件出库单元工作站 I/O 端口功能设计

1）输入端口功能设计。I0.0：接三轴直角机械手 X 方向伺服电动机原点限位感应器；I0.1：接三轴直角机械手 X 方向伺服电动机极限位置限位感应器；I0.2：接三轴直角机械手 Y 方向伺服电动机原点限位感应器；I0.3：接三轴直角机械手 Y 方向伺服电动机极限位置限位感应器；I0.4：接三轴直角机械手 Z 方向伺服电动机原点限位感应器；I0.5：接三轴直角机械手 Z 方向伺服电动机极限位置限位感应器；I8.0：接物料检测光电信号线；I8.1：接零件出库单元工作站启动信号线；I8.2：接零件出库单元工作站停止信号线；I8.3：接总控台启动信号线；I8.4：接总控台停止信号线。

2）输出端口功能设计。Q0.0：接三轴直角机械手 X 方向伺服电动机驱动器脉冲输入口；Q0.1：接三轴直角机械手 X 方向伺服电动机驱动器方向输入口；Q0.2：接三轴直角机械手 Y 方向伺服电动机驱动器脉冲输入口；Q0.3：接三轴直角机械手 Y 方向伺服电动机驱动器方向输入口；Q0.4：接三轴直角机械手 Z 方向伺服电动机驱动器脉冲输入口；Q0.5：

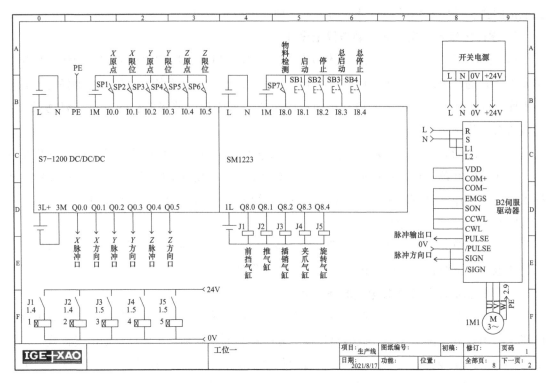

图 2-74 零件出库单元工作站电气原理

接三轴直角机械手 Z 方向伺服电动机驱动器方向输入口；Q8.0：接前挡气缸；Q8.1：接推料气缸；Q8.2：接插销气缸；Q8.3：接夹爪气缸；Q8.4：接旋转气缸。零件出库单元工作站 I/O 端口分配见表 2-9。

表 2-9 零件出库单元工作站 I/O 端口分配

输入端口		输出端口	
I/O 地址	符号说明	I/O 地址	符号说明
I0.0	X 原点	Q0.0	X 脉冲口
I0.1	X 限位	Q0.1	X 方向口
I0.2	Y 原点	Q0.2	Y 脉冲口
I0.3	Y 限位	Q0.3	Y 方向口
I0.4	Z 原点	Q0.4	Z 脉冲口
I0.5	Z 限位	Q0.5	Z 方向口
I8.0	物料检测	Q8.0	前挡气缸
I8.1	启动	Q8.1	推气缸
I8.2	停止	Q8.2	插销气缸
I8.3	总启动	Q8.3	夹爪气缸
I8.4	总停止	Q8.4	旋转气缸

4. 参数设置

零件出库单元工作站有 X、Y、Z 三个方向，共三个伺服电动机，需设置电动机脉冲频率、前进和回零脉冲数。前进和回零脉冲数作为一般参数可以修改，但电动机脉冲频率不允许随意修改。

零件出库单元取出的零件需要在 X、Y、Z 三个方向同时定位，沿 X、Y、Z 三个方向运动抓取零件，抓取完成后，Z 方向先退回，然后 Y 方向退回，X 方向前进，Z 方向前进，最后放置零件，每个零件的抓放过程需要设置 7 个参数。

2.5.3 电主轴加工单元工作站电气控制系统设计

电主轴加工单元工作站主要用于加工汽车模型主轴零件固定槽。

1. 电主轴加工单元工作站电气原理设计

电主轴加工单元工作站电气系统控制工作流程：台达 SCARA 机器人（四轴串联机器人）根据传感器检测信号，将待加工小车模型零件取出放置在蜘蛛手加工中心工作台的加工位上。传感器检测到小车零件放置到位后，十字加工中心工作平台开始移动。当十字加工中心工作平台移动到电主轴下方时，传感器检测到小车零件，十字加工中心工作平台停止平移并上升，同时电主轴开始转动钻头打孔。电主轴钻孔到设定深度后，十字加工中心工作平台根据传感器信号下降到设定高度，然后返回原点。传感器检测到返回原点的零件后，台达 SCARA 机器人根据传感器检测信号抓取加工完毕的零件，将其放置到工装托盘上。传感器检测到加工完毕的零件后，工装托盘随传送带运动到下一工作站。电主轴加工单元工作站电气原理如图 2-75 所示。

2. 电主轴加工单元工作站 I/O 端口功能设计

1）输入端口功能设计。I0.0：接十字加工平台 X 方向伺服电动机原点限位感应器；I0.1：接十字加工平台 X 方向伺服电动机极限位置限位感应器；I0.2：接十字加工平台 Y 方向伺服电动机原点限位感应器；I0.3：接十字加工平台 Y 方向伺服电动机极限位置限位感应器；I0.4：接 Z 方向伺服电动机原点限位感应器；I0.5：接 Z 方向伺服电动机极限位置限位感应器；I0.6：接旋转机械手伺服电动机原点限位感应器；I0.7：接旋转机械手伺服电动机极限位置限位感应器；I8.0：接物料检测光电信号线；I8.1：接电主轴加工单元启动信号线；I8.2：接电主轴加工单元停止信号线；I8.3：接总控台启动信号线；I8.4：接总控台停止信号线。

2）输出端口功能设计。Q0.0：接十字加工平台 X 方向伺服电动机驱动器脉冲输入口；Q0.1：接十字加工平台 X 方向伺服电动机驱动器方向输入口；Q0.2：接十字加工平台 Y 方向伺服电动机驱动器脉冲输入口；Q0.3：接十字加工平台 Y 方向伺服电动机驱动器方向输入口；Q0.4：接 Z 方向伺服电动机驱动器脉冲输入口；Q0.5：接旋转机械手伺服电动机驱动器脉冲输入口；Q8.0：接 Z 方向伺服电动机驱动器方向输入口；Q8.1：接旋转机械手伺服电动机驱动器方向输入口；Q8.2：接前挡气缸；Q8.3：接推气缸；Q8.4：接插销气缸；

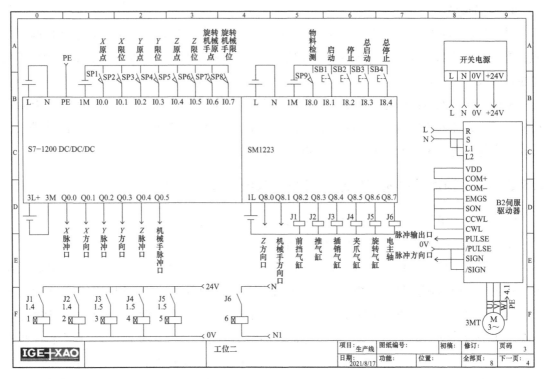

图 2-75　电主轴加工单元工作站电气原理

Q8.5：接夹爪气缸；Q8.6：接旋转气缸。电主轴加工单元工作站 I/O 端口分配见表 2-10。

表 2-10　电主轴加工单元工作站 I/O 端口分配

输入端口		输出端口	
I/O 地址	符号说明	I/O 地址	符号说明
I0.0	X 原点	Q0.0	X 脉冲口
I0.1	X 限位	Q0.1	X 方向口
I0.2	Y 原点	Q0.2	Y 脉冲口
I0.3	Y 限位	Q0.3	Y 方向口
I0.4	Z 原点	Q0.4	Z 脉冲口
I0.5	Z 限位	Q0.5	机械手脉冲口
I0.6	旋转机械手原点	Q8.0	Z 方向口
I0.7	旋转机械手限位	Q8.1	机械手方向口
I8.0	物料检测	Q8.2	前挡气缸
I8.1	启动	Q8.3	推气缸
I8.2	停止	Q8.4	插销气缸
I8.3	总启动	Q8.5	夹爪气缸
I8.4	总停止	Q8.6	旋转气缸
		Q8.7	电主轴

3. 参数设置

电主轴加工单元工作站有 4 个伺服电动机，需要设置电动机脉冲频率和前进、回零、上升、下降脉冲数等参数，不允许随意修改。

4. 注意事项

在设计电主轴加工单元工作站电气系统时，除了要注意生产线电气设计的一般注意事项，还应注意保持加工平台水平，不随意转动加工平台的伺服电动机，防止损坏加工平台。

2.5.4 钻孔加工单元工作站电气控制系统设计

钻孔加工单元工作站主要开展汽车模型车身零件的两处钻孔加工。

1. 钻孔加工单元工作站电气原理设计

钻孔加工单元工作站电气系统控制工作流程：电源启动，待加工小车零件均放置于工装托盘上，随传送带输送到钻孔加工单元工位处。传感器检测到小车到达加工位后，向控制台发出信号。旋转机械手上的旋转气缸旋转 90°，旋转机械手夹爪气缸转向小车位置。旋转机械手上的夹爪气缸向下运动至小车上方的抓取位置，移动到抓取位置后，传感器感应到感应片，夹爪停止移动。夹爪气缸启动，夹爪气缸夹住小车车身零件。旋转机械手向上移动到初始位置，旋转气缸旋转移动，回到初始位置，等待十字加工滑台移动到初始位置。夹爪气缸将夹取的小车车身放置在加工滑台上，小车车身通过滑台的定位销进行定位。X 方向十字滑台和 Y 方向十字滑台运动，加工滑台将小车车身带至电主轴加工位。电动机主轴在 Z 方向向下移动，传感器检测到感应片，电动机主轴停止向下移动，电动机主轴旋转钻削孔 1。电动机主轴 Z 方向向上移动，留下十字滑台移动的空间，十字滑台移动，零件移动至孔 2 加工位，电动机主轴旋转钻削孔 2。完成车身孔加工后，电动机主轴 Z 方向运动回到零点位置。十字滑台 X、Y 方向移动，回到零点位置，机械手旋转，夹爪气缸夹取小车车身并旋转，将加工完成的小车车身放置在生产线汽车模型的工装托盘上，随传送带输送到下一工作站。钻孔加工单元工作站电气原理如图 2-76 所示。

2. 钻孔加工单元工作站 I/O 端口功能设计

1) 输入端口功能设计。I0.0：接 X 方向伺服电动机原点限位感应器；I0.1：接 X 方向伺服电动机极限位置限位感应器；I0.2：接 Y 方向伺服电动机原点限位感应器；I0.3：接 Y 方向伺服电动机极限位置限位感应器；I0.4：接 Z 方向伺服电动机原点限位感应器；I0.5：接 Z 方向伺服电动机极限位置限位感应器；I8.0：接物料检测光电信号线；I8.1：接钻孔加工单元工作站启动信号线；I8.2：接钻孔加工单元工作站停止信号线；I8.3：接总控台启动信号线；I8.4：接总控台停止信号线；I8.5：接机器人完成夹物料动作信号线；I8.6：接机器人完成夹成品动作信号线。

2) 输出端口功能设计。Q0.0：接 X 方向伺服电动机驱动器脉冲输入口；Q0.1：接 X 方向伺服电动机驱动器方向输入口；Q0.2：接 Y 方向伺服电动机驱动器脉冲输入口；Q0.3：接 Y 方向伺服电动机驱动器方向输入口；Q0.4：接 Z 方向伺服电动机驱动器脉冲输入口；

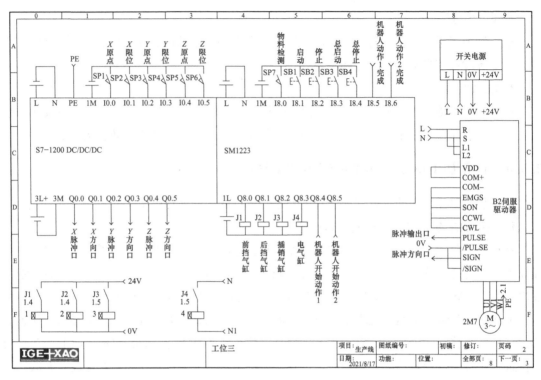

图 2-76　钻孔加工单元工作站电气原理

Q0.5：接 Z 方向伺服电动机驱动器方向输入口；Q8.0：接前挡气缸；Q8.1：接后挡气缸；Q8.2：接插销气缸；Q8.3：接电气缸；Q8.4：接插销完成，机器人夹物料信号线；Q8.5：接加工完成，机器人夹成品信号线。钻孔加工单元工作站单元 I/O 端口分配见表 2-11。

表 2-11　钻孔加工单元工作站 I/O 端口分配

输入端口		输出端口	
I/O 地址	符号说明	I/O 地址	符号说明
I0.0	X 原点	Q0.0	X 脉冲口
I0.1	X 限位	Q0.1	X 方向口
I0.2	Y 原点	Q0.2	Y 脉冲口
I0.3	Y 限位	Q0.3	Y 方向口
I0.4	Z 原点	Q0.4	Z 脉冲口
I0.5	Z 限位	Q0.5	Z 方向口
I8.0	物料检测	Q8.0	前挡气缸
I8.1	启动	Q8.1	后挡气缸
I8.2	停止	Q8.2	插销气缸
I8.3	总启动	Q8.3	电气缸
I8.4	总停止	Q8.4	机器人开始动作 1
I8.5	机器人动作 1 完成	Q8.5	机器人开始动作 2
I8.6	机器人动作 2 完成		

3. 参数设置

钻孔加工单元工作站有 3 个伺服电动机，需要设置电动机脉冲频率和前进、回零、上升、下降脉冲数等参数，不允许随意修改。

2.5.5 加工检测单元工作站电气控制系统设计

加工检测单元工作站的主要功能是开展电主轴加工单元中车身钻孔深度检测。

1. 加工检测单元工作站电气原理设计

加工检测单元工作站电气系统控制工作流程：车身工装托盘随传送带运动至加工检测单元工作位，感应器检测到车身工装位置，并联机械手吸盘装置启动，吸取空气的同时，机械手捕捉车身工装，车身工装在气动装置的作用下停止运动。吸盘吸取车身，机械手抓取车身移动到等待检测工装位置 1 处。并联机械手抓取第 2 个车身，将其放置在定位工装位置 2 和定位工装位置 3 处。在旋转气缸的作用下，定位工装位置 2 处的车身旋转到检测气缸位，感应器检测到车身位置后，检测气缸检测到车身孔的位置，气缸杆伸出，检测孔的深度，检测完成后气缸杆收回并回到零点位置。旋转托盘在旋转气缸的作用下旋转，并联机械手抓取车身，将其放置在定位工装位置 4 处。并联机械手重复以上工作流程，抓取下一个车身，从定位工装位置 1 处抓取车身放置在定位工装位置 2 处，进行孔尺寸检测。并联机械手抓取定位工装位置 4 处的车身，将检测完成的车身放置在传送带上，随传送带移动至下一个加工工位。加工检测单元工作站电气原理如图 2-77 所示。

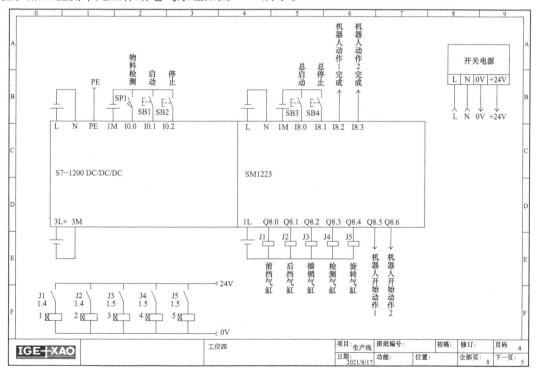

图 2-77　加工检测单元工作站电气原理

2. 加工检测单元工作站 I/O 端口功能设计

1）输入端口功能设计。I0.0：接物料检测光电信号线；I0.1：接加工检测单元工作站启动信号线；I0.2：接加工检测单元工作站停止信号线；I8.0：接总控台启动信号线；I8.1：接总控台停止信号线；I8.2：接机器人完成夹物料动作信号线；I8.3：接机器人完成夹成品动作信号线。

2）输出端口功能设计。Q8.0：接前挡气缸；Q8.1：接后挡气缸；Q8.2：接插销气缸；Q8.3：接检测气缸；Q8.4：接旋转气缸；Q8.5：接插销完成，机器人夹物料信号线；Q8.6：接检测完成，机器人夹成品信号线。加工检测单元工作站 I/O 端口分配见表 2-12。

表 2-12　加工检测单元工作站 I/O 端口分配

输入端口		输出端口	
I/O 地址	符号说明	I/O 地址	符号说明
I0.0	物料检测	Q8.0	前挡气缸
I0.1	启动	Q8.1	后挡气缸
I0.2	停止	Q8.2	插销气缸
I8.0	总启动	Q8.3	检测气缸
I8.1	总停止	Q8.4	旋转气缸
I8.2	机器人动作 1 完成	Q8.5	机器人开始动作 1
I8.3	机器人动作 2 完成	Q8.6	机器人开始动作 2

3. 参数设置

气缸动作，机器人接收、识别 PLC 信号需要一定的时间，加工检测单元工作站的参数设置主要有：启动插销等待的时间、PLC 留给机器人的时间、旋转到位的等待时间、检测时间、检测完成等待时间、放回托盘等待时间以及下料时间等。这些参数通过测试得到，一经确定不得随意修改。

2.5.6　喷涂中心单元工作站电气控制系统设计

喷涂中心单元工作站主要开展小车零件的自动喷涂工艺。

1. 喷涂中心单元工作站电气原理设计

喷涂中心单元工作站电气系统控制工作流程：工装托盘随传送带运动至喷涂中心单元加工位，传感器检测到工装托盘到达加工位后，气缸定位阻挡托盘，传感器向控制台发出信号，搬运机械手抓取待喷涂零件，将其放置到旋转托盘的固定位置上。传感器检测到待喷涂零件到位后，旋转托盘转动，摇摆喷涂装置开始喷漆。喷涂完成后，旋转托盘停止旋转并回到初始位置。传感器检测到返回到原点的零件后，搬运机械手抓取零件并将其放置到工装托盘上。传感器检测到喷涂完成的零件后，工装托盘随传送带运动到下一工作站。喷涂中心单元工作站电气原理如图 2-78 所示。

2. 喷涂中心单元工作站 I/O 端口功能设计

1）输入端口功能设计。I0.0：接直角机械手 Y 方向伺服电动机原点限位感应器；I0.1：

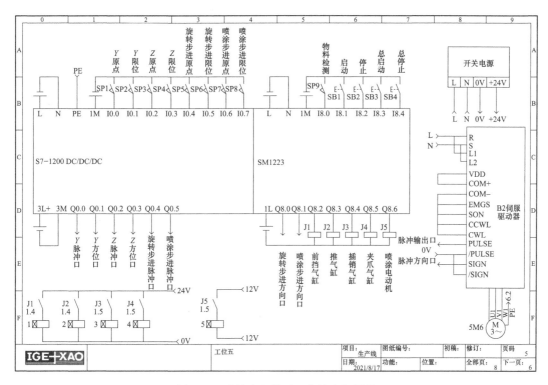

图 2-78　喷涂中心单元工作站电气原理

接直角机械手 Y 方向伺服电动机极限位置限位感应器；I0.2：接直角机械手 Z 方向伺服电动机原点限位感应器；I0.3：接直角机械手 Z 方向伺服电动机极限位置限位感应器；I0.4：接旋转伺服电动机原点限位感应器；I0.5：接旋转伺服电动机极限位置限位感应器；I0.6：接涂漆伺服电动机原点限位感应器；I0.7：接喷涂伺服电动机极限位置限位感应器；I8.0：接物料检测光电信号线；I8.1：接喷涂中心单元工作站启动信号线；I8.2：接喷涂中心单元工作站停止信号线；I8.3：接总控台启动信号线；I8.4：接总控台停止信号线。

2）输出端口功能设计。Q0.0：接直角机械手 Y 方向伺服电动机驱动器脉冲输入口；Q0.1：接直角机械手 Y 方向伺服电动机驱动器方向输入口；Q0.2：接直角机械手 Z 方向伺服电动机驱动器脉冲输入口；Q0.3：接直角机械手 Z 方向伺服电动机驱动器方向输入口；Q0.4：接旋转伺服电动机驱动器脉冲输入口；Q0.5：接喷涂伺服电动机驱动器脉冲输入口；Q8.0：接旋转伺服电动机驱动器方向输入口；Q8.1：接喷涂伺服电动机驱动器方向输入口；Q8.2：接前挡气缸；Q8.3：接推气缸；Q8.4：接插销气缸；Q8.5：接夹爪气缸；Q8.6：接喷涂电动机。喷涂中心单元工作站 I/O 端口分配，见表 2-13。

3. 参数设置

喷涂中心单元工作站设置的主要参数：直角机械手 Y 方向伺服脉冲频率、直角机械手 Z 方向伺服脉冲频率、直角机械手 Y 方向伺服前进脉冲数、直角机械手 Z 方向伺服前进脉冲数、直角机械手 Y 方向伺服点动回零脉冲数、直角机械手 Z 方向伺服点动回零脉冲数、喷漆伺服脉冲频率及喷漆伺服喷漆前进脉冲数等，参数一经设置确定，不许随意修改。

表 2-13　喷涂中心单元工作站 I/O 端口分配

输入端口		输出端口	
I/O 地址	符号说明	I/O 地址	符号说明
I0.0	Y 原点	Q0.0	Y 脉冲口
I0.1	Y 限位	Q0.1	Y 方向口
I0.2	Z 原点	Q0.2	Z 脉冲口
I0.3	Z 限位	Q0.3	Z 方向口
I0.4	旋转步进原点	Q0.4	旋转步进脉冲口
I0.5	旋转步进限位	Q0.5	喷涂步进脉冲口
I0.6	喷涂步进原点	Q8.0	旋转步进方向口
I0.7	喷涂步进限位	Q8.1	喷涂步进方向口
I8.0	物料检测	Q8.2	前挡气缸
I8.1	启动	Q8.3	推气缸
I8.2	停止	Q8.4	插销气缸
I8.3	总启动	Q8.5	夹爪气缸
I8.4	总停止	Q8.6	喷涂电动机

2.5.7　车身装配单元工作站电气控制系统设计

车身装配单元工作站主要利用装配机器人进行汽车模型前轮、后轮、中间车身、车底板、车头及车尾零件的组装。

1. 车身装配单元工作站电气原理设计

车身装配单元工作站电气系统控制工作流程：车身工装托盘随传送带运动至车身装配单元加工位，传感器检测到工装托盘到达位置后，气缸启动，定位工装托盘。装配机器人移动到车身上方，机械手抓取车身放置在装配工作台上。装配机器人按照以上工作流程抓取车轮零件，机器人返回轨迹位置，将车轮装配在车身的相应位置上。装配机器人按照以上工作流程将另一车轮、车底板、车头及车尾零件逐一装配在中间车身上，完成汽车模型的装配。装配机器人将装配完成的汽车模型抓取放置在工装托盘上，传感器检测到工装托盘上的小车模型后，传送带上的定位气缸退回起始位置，汽车模型随传送带运动到下一工作站。车身装配单元工作站电气原理如图 2-79 所示。

2. 车身装配单元工作站 I/O 端口功能设计

1）输入端口功能设计。I0.0：接物料检测光电信号线；I0.1：接车身装配单元工作站启动信号线；I0.2：接车身装配单元工作站停止信号线；I0.3：接总控台启动信号线；I0.4：接总控台停止信号线；I0.5：接机器人完成信号线。

2）输出端口功能设计。Q0.0：接前挡气缸；Q0.1：接后挡气缸；Q0.2：接插销气缸；

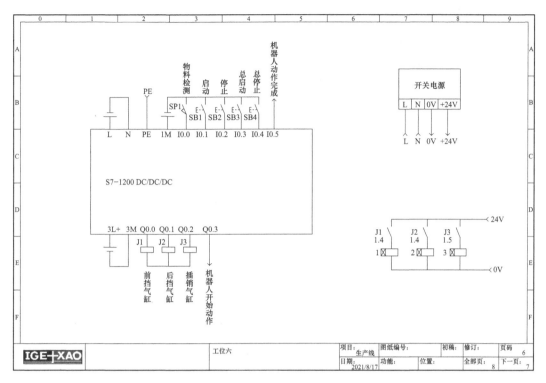

图 2-79　车身装配单元工作站电气原理

Q0.3：接机器人开始动作信号线。车身装配单元工作站 I/O 端口分配见表 2-14。

表 2-14　车身装配单元工作站 I/O 端口分配

输入端口		输出端口	
I/O 地址	符号说明	I/O 地址	符号说明
I0.0	物料检测	Q0.0	前挡气缸
I0.1	启动	Q0.1	后挡气缸
I0.2	停止	Q0.2	插销气缸
I0.3	总启动	Q0.3	机器人开始动作
I0.4	总停止		
I0.5	机器人动作完成		

3. 参数设置

车身装配单元工作站主要设置的参数：进料时间、机器人开始组装信号时间、放托盘时间等。车身装配单元工作站未设计触摸屏，直接在 PLC 程序中设置以上参数。

2.5.8　小车入库单元工作站电气控制系统设计

小车入库单元工作站主要利用三轴直角机械手将传送带上装配好的汽车模型放置到仓库存储位。

1. 小车入库单元工作站电气原理设计

小车入库单元工作站电气系统控制工作流程：工装托盘随传送带运动至入库单元工作位，传感器检测到工装托盘到达工作位后，气缸阻挡定位托盘，传感器向控制台发出信号，三轴直角坐标机械手抓取托盘中的汽车模型，将其放置到仓库存储位。汽车模型放置完毕后，三轴直角坐标机械手回到初始位置，工装托盘开始流转进入滑道，随滑道滑出工作区域。小车入库单元工作站电气原理如图 2-80 所示。

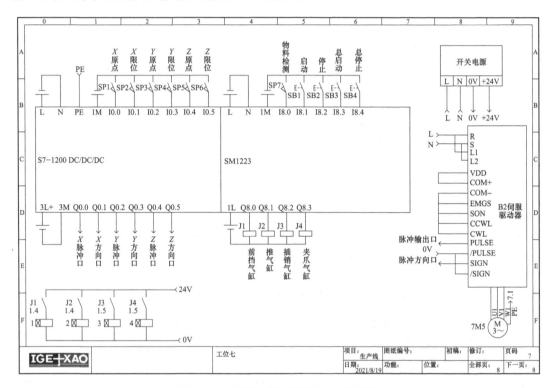

图 2-80　小车入库单元工作站电气原理

2. 小车入库单元工作站 I/O 端口功能设计

1）输入端口功能设计。I0.0：接直角机械手 X 方向伺服电动机原点限位感应器；I0.1：接直角机械手 X 方向伺服电动机极限位置限位感应器；I0.2：接直角机械手 Y 方向伺服电动机原点限位感应器；I0.3：接直角机械手 Y 方向伺服电动机极限位置限位感应器；I0.4：接直角机械手 Z 方向伺服电动机原点限位感应器；I0.5：接直角机械手 Z 方向伺服电动机极限位置限位感应器；I8.0：接物料检测光电信号线；I8.1：接小车入库单元工作站启动信号线；I8.2：接小车入库单元工作站停止信号线；I8.3：接总控台启动信号线；I8.4：接总控台停止信号线。

2）输出端口功能设计。Q0.0：接直角机械手 X 方向伺服电动机驱动器脉冲输入口；Q0.1：接直角机械手 X 方向伺服电动机驱动器方向输入口；Q0.2：接直角机械手 Y 方向伺服电动机驱动器脉冲输入口；Q0.3：接直角机械手 Y 方向伺服电动机驱动器方向输入口；

Q0.4：接直角机械手 Z 方向伺服电动机驱动器脉冲输入口；Q0.5：接直角机械手 Z 方向伺服电动机驱动器方向输入口；Q8.0：接前挡气缸；Q8.1：接推气缸；Q8.2：接插销气缸；Q8.3：接夹爪气缸。小车入库单元工作站 I/O 端口分配见表 2-15。

表 2-15　小车入库单元工作站 I/O 端口分配

输入端口		输出端口	
I/O 地址	符号说明	I/O 地址	符号说明
I0.0	X 原点	Q0.0	X 脉冲口
I0.1	X 限位	Q0.1	X 方向口
I0.2	Y 原点	Q0.2	Y 脉冲口
I0.3	Y 限位	Q0.3	Y 方向口
I0.4	Z 原点	Q0.4	Z 脉冲口
I0.5	Z 限位	Q0.5	Z 方向口
I8.0	物料检测	Q8.0	前挡气缸
I8.1	启动	Q8.1	推气缸
I8.2	停止	Q8.2	插销气缸
I8.3	总启动	Q8.3	夹爪气缸
I8.4	总停止		

3. 参数设置

小车入库单元工作站主要设置的参数：三轴直角机械手 X 方向脉冲频率、三轴直角机械手 Y 方向脉冲频率、三轴直角机械手 Z 方向脉冲频率、三轴直角机械手 X 方向点动回零脉冲数、三轴直角机械手 Y 方向点动回零脉冲数、三轴直角机械手 Z 方向点动回零脉冲数、三轴直角机械手 X 方向点动前进脉冲数、三轴直角机械手 Y 方向点动前进脉冲数、三轴直角机械手 Z 方向点动前进脉冲数、插销等待时间、夹 1#、2#三轴直角机械手 Z 方向回脉冲数、待放 1#、2#三轴直角机械手 Z 方向下脉冲数、待放 1#、2#三轴直角机械手 Z 方向升脉冲数、待放 1#、3#三轴直角机械手 Y 方向进脉冲数、待放 2#、4#三轴直角机械手 Y 方向进脉冲数、待放 3#、4#三轴直角机械手 Z 方向下脉冲数及待放三轴直角机械手 X 方向进脉冲数等，参数一经设置确定，不允许随意修改。

2.5.9　生产线总控台电气设计

生产线总控台主要对小车模型自动化生产线运行进行总体控制与状态监视，同时对各个工作站单元进行独立启、停控制与运行状态监测。

1. 启动与停止功能设计

1）启动功能设计。总控台上的绿色按钮为总启动按钮，按下总启动按钮，生产线上所有工作站开始工作。总启动前，生产线总空气开关打开、总急停按钮未按下、各工作站空气开关打开、各工作站急停按钮未按下。触摸总控台触摸屏上某个工作站的启动按钮，可启动单一工作站。

2）停止功能设计。总控台上的红色按钮为总停止按钮，按下总停止按钮，生产线上所有工作站停止工作。触摸总控台触摸屏上某个工作站的停止按钮，可停止单一工作站。按下总控台急停按钮，生产线所有工作站立即停止工作，急停按钮仅在紧急情况下使用。

2. 总控台电气原理设计

生产线总控台主要由空气开关、开关电源、触摸屏、传送带电动机、传送带电动机调速器、绿色总启动按钮、红色总停止按钮及红色急停按钮等组成。其中，空气开关输入端接生产线外接总电源，输出端 N 接总控台开关电源 N，各工作站空气开关输入 N 接调速器电源输入端，输出 L 经急停按钮后接总控台开关电源 L，各工作站空气开关输入 L 接调速器电源另一输入端。开关电源为总控台触摸屏供电，其 24V 输出接口接总控台总启动按钮和总停止按钮常开输入端。生产线总控台电气原理如图 2-81 所示。

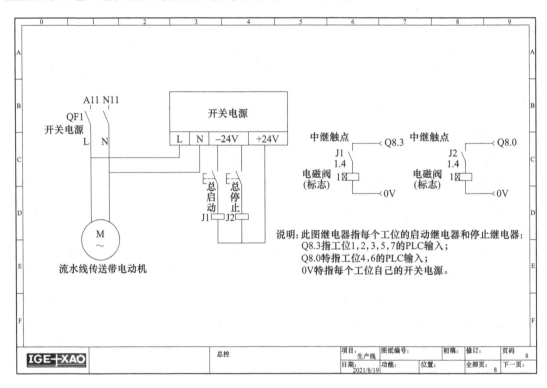

图 2-81　生产线总控台电气原理

3. 注意事项

生产线总控台电气设计应注意以下事项：

1）总启动前，确保机器人活动范围内没有人员活动，有效行程内没有其他物体遮挡。

2）总启动前，打开总控台空气开关并恢复急停按钮。

3）在各工作站运行中，按下总启动按钮，不影响运行中的工作站，仅启动未运行的工作站。

4）由于急停接零线，接线前应断开总电源，以免触电。

2.6 生产线人机交互界面设计

汽车模型自动化生产线有零件出库单元、电主轴加工单元、钻孔加工单元、加工检测单元、喷涂中心单元、车身装配单元以及小车入库单元 7 个功能单元和 1 个总控单元，共 8 个单元。本设计除了车身装配单元，每个单元都设计了单独的触摸屏用于人机交互，可以实现各单元工作站的启动、停止、参数设置及状态显示等功能。本设计选用昆仑通态 TPC7062Ti 触摸屏（图 2-82），利用 MCGS 组态软件开展各单元人机交互界面的设计。

图 2-82　昆仑通态 TPC7062Ti 触摸屏（背面）

2.6.1 MCGS 组态软件与 S7-1200 PLC 通信

MCGS 组态软件（简称 MCGS）是北京昆仑通态自动化软件科技有限公司研发的一套组态软件系统，用于快速构造和生成上位机监控系统，主要完成现场数据的采集与监测、前端数据的处理与控制，具有功能完善、操作简便、可视性好、可维护性强的特点。MCGS 设计思想比较独特，有很多特殊的概念和使用方式，为用户提供了解决实际工程问题的完整方案和开发平台。用户无须具备计算机编程知识，就可以使用 MCGS 在短时间内完成一个运行稳定、功能成熟、维护量小且具备专业水准的计算机监控系统的开发工作。

MCGS 嵌入版生成的用户应用系统由主控窗口、设备窗口、用户窗口、实时数据库和运行策略 5 个部分构成。MCGS 组成部分说明如图 2-83 所示。

MCGS 组态软件主要用于人机交互界面开发，与下位机 S7-1200 PLC 进行数据交互，实现对现场设备的监视与控制。本设计选用的西门子 S7-1200 系列 PLC 和昆仑通态触摸屏均支持 TCP 网络通信，通过网线实现 MCGS 组态软件与 S7-1200 PLC 的通信，主要步骤如下：

1）新建工程。选择 MCGS 文件菜单栏中的"新建工程"菜单项，在弹出的"新建工程设置"对话框中，根据使用的触摸屏类型选择 TPC 类型为 TPC7062K（图 2-84）。

2）配置设备窗口。在工作台中，选中设备窗口选项卡，双击设备窗口图标，在弹出的"设备组态：设备窗口"对话框中选中设备 0，然后右击打开"设备工具箱"对话框，如果设备工具箱中已经有待通信的 PLC 类型，直接选用即可；如果没有，则打开"设备管理"对话框，选中 Siemens_1200，单击"确定"按钮（图 2-85）。

3）编辑设备属性。设置好设备窗口后，设备 0 的类型显示为 Siemens_1200。双击设备

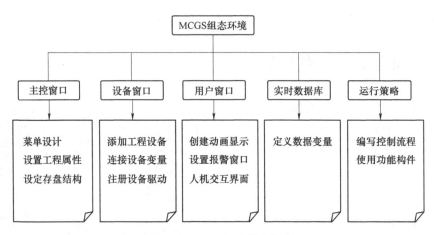

图 2-83　MCGS 组成部分说明

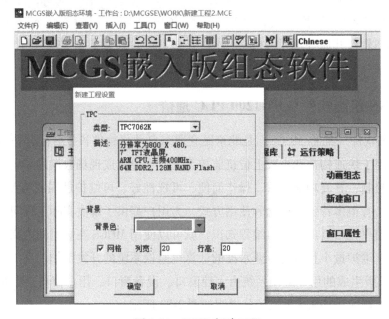

图 2-84　MCGS 新建工程

0 即可打开"设备编辑窗口"对话框，在设备编辑窗口中根据使用的触摸屏和 PLC 的实际 IP 地址，编辑本地 IP 地址和远端 IP 地址，其他设备属性值保持不变（图 2-86）。

4）设置 S7-1200 连接机制属性。S7-1200 PLC 与其他非西门子设备通信，需要设置连接机制属性。在博图软件项目树中进行 PLC 的属性设置，在"防护与安全"项的"连接机制"项中勾选"允许来自远程对象的 PUT/GET 通信访问"，这样 S7-1200 PLC 才可以实现与昆仑通态触摸屏的通信（图 2-87）。

5）MCGS 添加设备通道。前面步骤设置完成后，新建用户窗口开始进行人机交互界面的组态设计。MCGS 组态人机交互界面最重要的工作，是添加通道，使 MCGS 通道变量能正确传递给 PLC 对应的地址，实现 MCGS 组态软件与 PLC 的数据交互。添加通道的方式有两

图 2-85　配置设备窗口

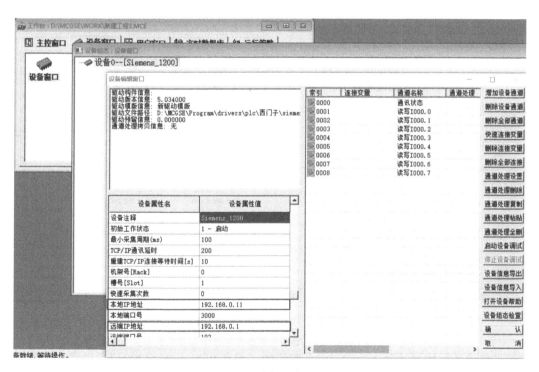

图 2-86　编辑设备属性

种，一种是在"设备编辑窗口"中增加设备通道，选择合适的通道类型、数据类型和通道地址（图 2-88）。这种方式可先生成需要使用的变量，然后在组态时绑定对应的 MCGS 构件。

另一种是在设置 MCGS 构件属性时，选择根据采集信息生成变量。"选择通信端口"和

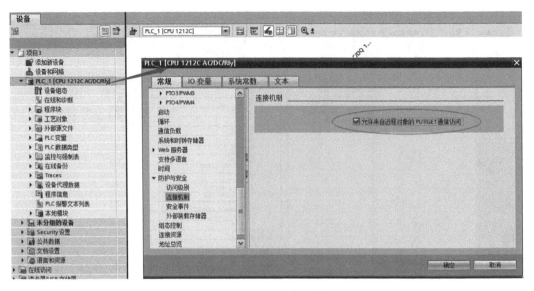

图 2-87　设置 S7-1200 连接机制属性

图 2-88　MCGS 添加设备通道

"选择采集设备"均自动默认为前面设备配置的"设备 0［Siemens_1200］"，选择正确的通道类型、数据类型和通道地址。

6）MCGS 组态软件与 S7-1200 PLC 通信。完成 MCGS 组态和 S7-1200 PLC 的程序编写后，即可分别下载程序运行。打开博图软件的程序监控功能，将 M10.0 变量置位并传递给 PLC 程序，此时 PLC 中的 M10.0 触点接通，能流流至 Q0.0 线圈接通，并将变量传递给触摸屏，MCGS 组态界面中 Q0.0 变量对应的指示灯亮（图 2-89）。

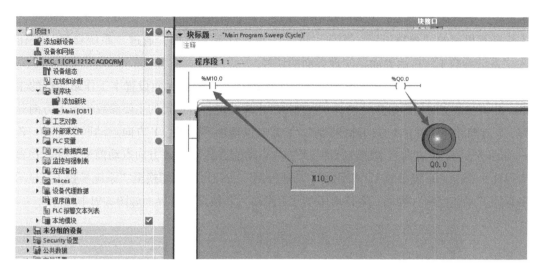

图 2-89　MCGS 组态软件与 S7-1200 PLC 通信

2.6.2　零件出库单元工作站人机交互界面设计

零件出库单元工作站"功能控制"界面如图 2-90 所示，主要包括启停控制、气缸控制、步进控制、状态指示以及界面切换等功能。其中，启停控制主要是在触摸屏上通过按钮启动或者停止工作站的运行。气缸控制主要是通过人机交互界面实现对前挡气缸、后推气缸、旋转气缸、插销气缸以及夹气缸等的控制。步进控制主要是在触摸屏上实现 X、Y、Z 三个方向上的步进前进和回零控制，包括 X 方向步进回零、X 方向步进前进、Y 方向步进回零、Y 方向步进前进、Z 方向步进回零和 Z 方向步进前进。状态指示主要是显示各个气缸的复位以

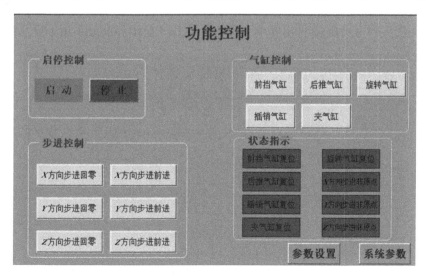

图 2-90　零件出库单元工作站"功能控制"界面

及三个步进电动机非原点的状态，包括前挡气缸复位、后推气缸复位、旋转气缸复位、插销气缸复位、夹气缸复位以及 X 方向步进非原点、Y 方向步进非原点、Z 方向步进非原点。通过人机交互界面的"参数设置"按钮可进入"参数设置"界面，通过"系统参数"按钮可进入"系统参数 1"显示界面，实现界面的切换。

零件出库单元工作站"参数设置"界面主要是在人机交互界面设置本工作站运行的主要参数，并将参数实时传递给执行设备，实现零件出库功能，可设置的主要参数包括 X 方向脉冲频率、Y 方向脉冲频率、Z 方向脉冲频率、X 方向点动回零脉冲、Y 方向点动回零脉冲、Z 方向点动回零脉冲、X 方向点动前进脉冲、Y 方向点动前进脉冲及 Z 方向点动前进脉冲。在参数设置界面，单击"系统参数 1"按钮和"功能控制"按钮可分别切换至"系统参数 1"显示界面和返回"功能控制"界面。零件出库单元工作站"参数设置"界面如图 2-91 所示。

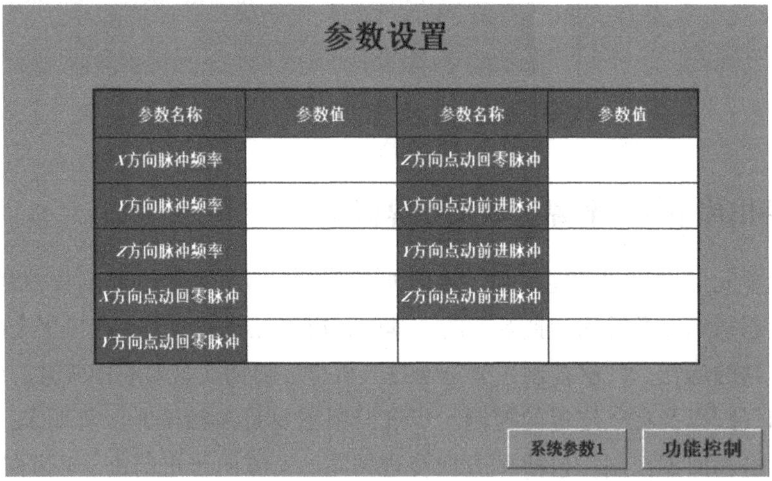

图 2-91　零件出库单元工作站"参数设置"界面

图 2-92~图 2-94 所示的零件出库单元系统参数 1~3 显示界面分别用于显示第 1~3 层的

图 2-92　零件出库单元工作站"系统参数 1"显示界面

1~6 号工件的 X 进脉冲数、Z 下脉冲数、Y 进脉冲数、Z 上脉冲数、Y 回脉冲数、X 进脉冲数及 Z 下脉冲数。其中，前进和回零脉冲数作为一般参数可以根据需求修改；但电动机脉冲频率不允许随意修改。从系统参数 1~3 显示界面可切换至其他系统参数显示界面、参数设置界面及功能控制界面。

图 2-93　零件出库单元工作站"系统参数 2"显示界面

图 2-94　零件出库单元工作站"系统参数 3"显示界面

2.6.3　电主轴加工单元工作站人机交互界面设计

电主轴加工单元"功能控制"界面如图 2-95 所示，主要包括启停控制、气缸控制、步进控制、状态指示及参数设置等功能。其中，启停控制主要是在触摸屏上通过按钮启动或者停止工作站的运行。气缸控制主要是通过人机交互界面实现对前挡气缸、后挡气缸、插销气缸等的控制。步进控制主要是在触摸屏上实现伺服回零和伺服前进两个步进控制功能。状态指示主要是显示三个气缸的复位及三个步进电动机的回零状态，包括前挡气缸复位、后挡气缸复位、插销气缸复位以及 X 方向伺服回零、Y 方向伺服回零、Z 方向伺服回零。参数设置主要是设置脉冲频率、点动回零脉冲以及点动前进脉冲等常用参数，单击本界面的"参数设置"按钮可进入"参数设置"界面。

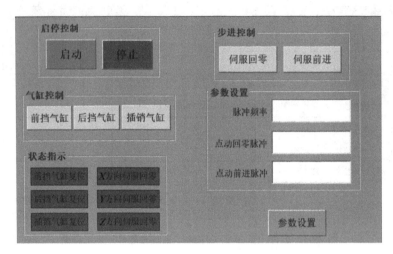

图 2-95　电主轴加工单元工作站"功能控制"界面

电主轴加工单元工作站"参数设置"界面主要是在人机交互界面设置本工作站的伺服参数，并将参数实时传递给执行设备，实现相应的功能控制，可设置的主要参数包括前进脉冲数、下降/上升脉冲数及返回脉冲数等。设置的参数不允许随意修改，单击本界面的"功能控制"按钮可切换至"功能控制"界面（图2-96）。

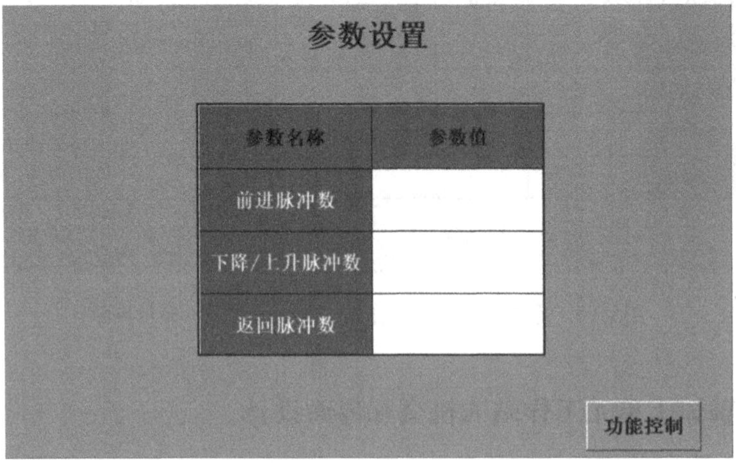

参数设置

参数名称	参数值
前进脉冲数	
下降/上升脉冲数	
返回脉冲数	

功能控制

图 2-96　电主轴加工单元工作站"参数设置"界面

2.6.4 钻孔加工单元工作站人机交互界面设计

钻孔加工单元工作站"功能控制"界面如图 2-97 所示，主要包括启停控制、气缸控制、步进控制、状态指示及界面切换等功能。其中，启停控制主要是在触摸屏上通过按钮启动或者停止工作站的运行。气缸控制主要是通过人机交互界面实现对前挡气缸、后推气缸、旋转气缸、插销气缸和手指气缸等的控制。步进控制主要是在触摸屏上实现 X、Y、Z 三个方向上的步进和机械手的前进和回零控制，包括 X 方向步进回零、X 方向步进前进、Y 方向步进回零、Y 方向步进前进、Z 方向步进回零、Z 方向步进前进、机械手回零和机械手前进。状态指示主要是显示各气缸复位以及伺服步进非原点的状态，包括前挡气缸复位、后推气缸复位、插销气缸复位、手指气缸复位、旋转气缸复位以及 X 方向步进非原点、Y 方向步进非原点、Z 方向步进非原点和机械手伺服非原点，单击本界面的"参数设置"按钮可进入"参数设置"界面。

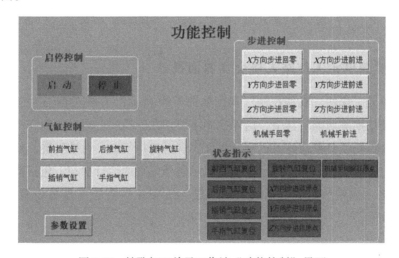

图 2-97 钻孔加工单元工作站"功能控制"界面

钻孔加工单元工作站"参数设置"界面主要是在人机交互界面设置本工作站步进和机械手的脉冲频率和脉冲数等参数，并将参数实时传递给执行设备，实现对产品的钻孔加工。可设置的主要参数包括 X 方向脉冲频率、Y 方向脉冲频率、Z 方向脉冲频率、机械手脉冲频率、X 点动回零脉冲、Y 点动回零脉冲、Z 点动回零脉冲、机械手点动回零脉冲、X 点动前进脉冲、Y 点动前进脉冲、Z 点动前进脉冲、机械手点动前进脉冲、X 上料脉冲、Y 上料脉冲、Z 上料脉冲、机械手下料脉冲、X 前进脉冲、Y 前进脉冲、Z 前进脉冲、Y 回脉冲数、加工轴 2X 回脉冲数、X 回脉冲数、Y 进脉冲数、铣完机械手夹料脉冲数、铣完机械手下料脉冲数、下料机械手回脉冲，单击本界面的"功能控制"按钮可切换至"功能控制"界面（图 2-98）。

参数名称	参数值	参数名称	参数值	参数名称	参数值	参数名称	参数值
				参数设置			
X方向脉冲频率		机械手点动回零脉冲		Y上料脉冲		加工轴ZX回脉冲数	
Y方向脉冲频率		X点动前进脉冲		Z上料脉冲		X回脉冲数	
Z方向脉冲频率		Y点动前进脉冲		机械手下料脉冲		Y进脉冲数	
机械手脉冲频率		Z点动前进脉冲		X前进脉冲		铣完机械手夹料脉冲数	
X点动回零脉冲		机械手点动前进脉冲		Y前进脉冲		铣完机械手下料脉冲数	
Y点动回零脉冲		机械手取料脉冲		Z前进脉冲		下料机械手回脉冲	
Z点动回零脉冲		X上料脉冲		Y回脉冲数			

功能控制

图 2-98　钻孔加工单元工作站"参数设置"界面

2.6.5　加工检测单元工作站人机交互界面设计

加工检测单元工作站"功能控制"界面如图 2-99 所示，主要包括启停控制、气缸控制、状态指示及界面切换等功能。其中，启停控制主要是在触摸屏上通过按钮启动或者停止工作站的运行。气缸控制主要是通过人机交互界面实现对前挡气缸、后推气缸、旋转气缸、插销气缸和手指气缸等的控制。状态指示主要是显示各个气缸的运行状态，包括前挡气缸、后推气缸、旋转气缸、插销气缸、手指气缸。通过人机交互界面的"参数设置"按钮可进入"参数设置"界面。

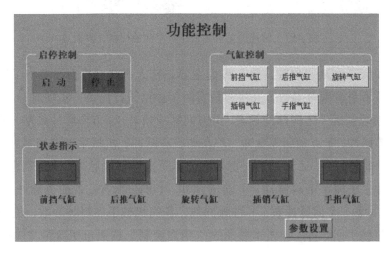

图 2-99　加工检测单元工作站"功能控制"界面

加工检测单元工作站"参数设置"界面主要是在人机交互界面设置本工作站的检测、

等待等参数，并将参数实时传递给执行设备，实现对产品钻孔深度的检测。可设置的主要参数包括启动插销等待时间、机器人信号 1 给定时间、旋转到位等待时间、检测持续时间、检测等待完成时间、机器人信号 2 给定时间、放回托盘等待时间及放料时间。这些参数通过测试得到，一经确定不得随意修改。单击本界面的"功能控制"按钮可切换至"功能控制"界面（图 2-100）。

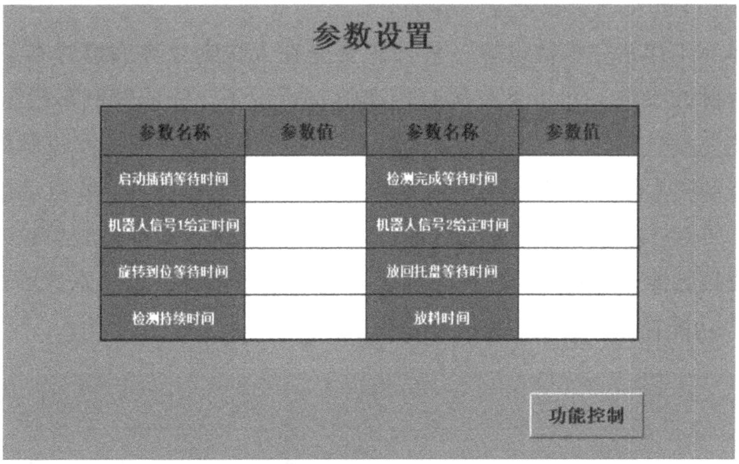

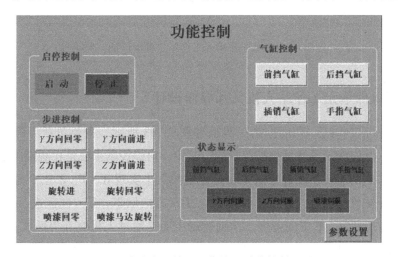

图 2-100　加工检测单元工作站"参数设置"界面

2.6.6　喷涂中心单元工作站人机交互界面设计

喷涂中心单元工作站"功能控制"界面如图 2-101 所示，主要包括启停控制、步进控制、气缸控制、状态指示及界面切换等功能。其中，启停控制主要是在触摸屏上通过按钮启动或者停止工作站的运行。步进控制主要是在触摸屏上实现 Y 方向和 Z 方向上的步进前进

图 2-101　喷涂中心单元工作站"功能控制"界面

和回零、旋转回零及喷漆马达旋转等的控制，从而完成对汽车模型零件的喷涂工作，主要包括 Y 方向回零、Y 方向前进、Z 方向回零、Z 方向前进、旋转进、旋转回零、喷漆回零及喷漆马达旋转。气缸控制主要是通过人机交互界面实现对前挡气缸、后挡气缸、插销气缸和手指气缸等的控制。状态指示主要是显示各个气缸和伺服的运行状态，包括前挡气缸、后挡气缸、插销气缸、手指气缸以及 Y 方向伺服、Z 方向伺服和喷漆伺服。通过人机交互界面的"参数设置"按钮可进入"参数设置"界面。

喷涂中心单元工作站"参数设置"界面主要是在人机交互界面设置本工作站各方向步进和喷涂马达等脉冲参数，并将参数实时传递给执行设备，完成对汽车模型零件的喷涂工作。可设置的主要参数包括 Y 方向脉冲频率、Z 方向脉冲频率、喷涂步进脉冲频率、Y 点动回零脉冲、Z 点动回零脉冲、喷涂点动回零脉冲、Y 点动前进脉冲、Z 点动前进脉冲、Y 待夹前进脉冲、Y 回待放脉冲、Z 待夹下脉冲、喷涂下降脉冲、Z 待夹成品脉冲、Y 进待放脉冲、Z 下待夹成品脉冲。设置的参数一经确定不允许随意修改。单击本界面的"功能控制"按钮可切换至"功能控制"界面（图 2-102）。

图 2-102　喷涂中心单元工作站"参数设置"界面

2.6.7　小车入库单元工作站人机交互界面设计

小车入库单元工作站"功能控制"界面如图 2-103 所示，主要包括启停控制、步进控制、气缸控制、状态指示及界面切换等功能。其中，启停控制主要是在触摸屏上通过按钮启动或者停止工作站的运行。步进控制主要是在触摸屏上实现 X、Y、Z 三个方向的步进回零和前进控制，完成汽车模型入库工作，主要包括 X 方向回零、X 方向前进、Y 方向回零、Y 方向前进、Z 方向回零、Z 方向前进。气缸控制主要是通过人机交互界面实现对前挡气缸、后推气缸、插销气缸和手指气缸等的控制。状态指示主要是显示各个气缸和伺服的运行状态，包括前挡气缸、后挡气缸、插销气缸、手指气缸以及 X 方向伺服、Y 方向伺服、Z 方向伺服。通过人机交互界面的"参数设置"按钮可进入"参数设置"界面。

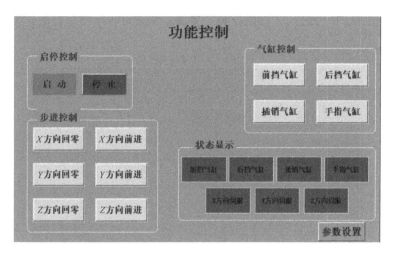

图 2-103　小车入库单元工作站"功能控制"界面

　　小车入库单元工作站"参数设置"界面主要是在人机交互界面设置本工作站各方向的步进脉冲等参数，并将参数实时传递给执行设备，完成对小车模型的入库工作。可设置的主要参数包括 X 方向脉冲频率、Y 方向脉冲频率、Z 方向脉冲频率、X 回零脉冲、Y 回零脉冲、Z 回零脉冲、X 前进脉冲、Y 前进脉冲、Z 前进脉冲、放托盘时间、夹 1/2# Z 回脉冲、夹 X 回脉冲、待放 1/2# Z 下脉冲、放完 1/2# Z 回脉冲、待放 2/4# Y 进脉冲、待放 3/4# Z 下脉冲。设置的参数一经确定不允许随意修改。单击本界面的"功能控制"按钮可切换至"功能控制"界面（图 2-104）。

参数设置

参数名称	参数值	参数名称	参数值
X 方向脉冲频率		Z 前进脉冲	
Y 方向脉冲频率		放托盘时间	
Z 方向脉冲频率		夹1/2# Z 回脉冲	
X 回零脉冲		夹X回脉冲	
Y 回零脉冲		待放1/2# Z 下脉冲	
Z 回零脉冲		放完1/2# Z 回脉冲	
X 前进脉冲		待放2/4# Y 进脉冲	
Y 前进脉冲		待放3/4# Z 下脉冲	

图 2-104　小车入库单元工作站"参数设置"界面

2.6.8　生产线总控台人机交互界面设计

　　汽车模型自动化生产线总控台的人机交互界面的启动界面如图 2-105 所示，单击界面右下角的"➤"按钮,即可进入"功能控制"界面,实现对汽车模型自动化生产线的总体控制与监视。

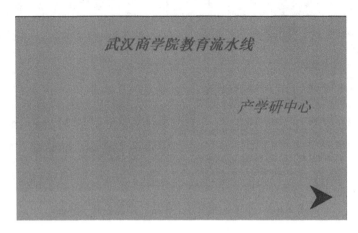

图 2-105　汽车模型自动化生产线总控台启动界面

汽车模型自动化生产线总控台"功能控制"界面如图 2-106 所示,主要包括汽车模型生产线的 1#工位~7#工位的启停控制与运行状态指示,可实时控制各个单元工作站的运行与停止,并显示各单元工作站当前的运行状态。

功能控制

1#工位	启 动	停 止	停止/点动
2#工位	启 动	停 止	停止/点动
3#工位	启 动	停 止	停止/点动
4#工位	启 动	停 止	停止/点动
5#工位	启 动	停 止	停止/点动
6#工位	启 动	停 止	停止/点动
7#工位	启 动	停 止	停止/点动

图 2-106　汽车模型自动化生产线总控台"功能控制"界面

2.7　工作站仿真设计

2.7.1　RobotStudio 仿真软件简介

汽车模型自动化生产线的加工检测单元工作站和车身装配单元工作站采用 ABB 机械手,利用 RobotStudio 软件对上述两个工作站进行仿真设计。RobotStudio 是一个 PC 应用程序,主要用于机器人工作站的离线编程和仿真设计。RobotStudio 可导入 CATIA、SolidWorks、3ds

Max、CAD 等软件制图文件进行编辑使用，同时也具备简单的建模功能，以及根据导入的图纸实现自动路径规划的功能。RobotStudio 可以对机器人在工作过程中是否与周边环境设施发生碰撞进行碰撞检测，确保通过离线编写的程序在实际运行中的安全性和可用性。RobotStudio 软件可用于机器人虚拟脱机编程，改善编程环境，提高编程效率。在 RobotStudio 软件中编写完程序后，同机器人工作站进行联接调试，在不影响工作站运行的情况下，实时监控工作站运行状况并动态修改调整程序，机器人在 RobotStudio 软件中的仿真结果，可为实际工程实施提供真实、有效的验证数据。

2.7.2　运动仿真步骤

本书以车身装配单元工作站的六轴机械手为例，在 RobotStudio 软件中对小车模型的中间车身、车轮、车头及车尾零件的装配进行仿真设计，具体步骤如下：

1. 构建仿真空间

将利用 Solidworks 软件设计的车身装配单元工作站汽车模型零件、输送机、装配放置台及托盘等三维结构设计文件保存为 .step 格式，并导入 RobotStudio 仿真软件进行合理布局，构建车身装配仿真空间如图 2-107 所示。

2. 配置 I/O 信号

在配置编辑器中建立 I/O 信号，新建一个 doTool 信号，如图 2-108 所示。新建完成后，进行重启动，如图 2-109 所示。重启动完成后激活新建的 I/O 信号。

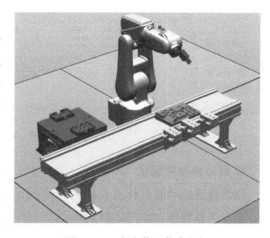

图 2-107　车身装配仿真空间

	Name	Type of Signal	Assigned to Device	Signal Identification Label	Device Mapping	Category	Access Level	Default Value	Filter Time
Access Level	AS1	Digital Input	PANEL	Automatic Stop chain(X5:11 to X5:6) and (X5:9 to X5:1)	13	safety	ReadOnly	0	0
Cross Connection	AS2	Digital Input	PANEL	Automatic Stop chain backup(X5:5 to X5:6) and (X5:3 to X5:1)	14	safety	ReadOnly	0	0
Device Trust Level	AUTO1	Digital Input	PANEL	Automatic Mode(X9:6)	5	safety	ReadOnly	0	0
EtherNet/IP Command	AUTO2	Digital Input	PANEL	Automatic Mode backup(X9:2)	6	safety	ReadOnly	0	0
EtherNet/IP Device	CH1	Digital Input	PANEL	Run Chain 1	22	safety	ReadOnly	0	0
Industrial Network	CH2	Digital Input	PANEL	Run Chain 2	23	safety	ReadOnly	0	0
Route	doSee1	Digital Output			N/A		Default	0	N/A
Signal	doTool	Digital Output			N/A		Default	0	N/A
Signal Safe Level	DRV1BRAKE	Digital Output	DRV_1	Brake-release coil	2	safety	ReadOnly	0	N/A
System Input	DRV1BRAKEFB	Digital Input	DRV_1	Brake Feedback(X3:6) at Contactor Board	11	safety	ReadOnly	0	0
System Output	DRV1BRAKEOK	Digital Input	DRV_1	Brake Voltage OK	15	safety	ReadOnly	0	0
	DRV1CHAIN1	Digital Output	DRV_1	Chain 1 Interlocking Circuit	0	safety	ReadOnly	0	N/A
	DRV1CHAIN2	Digital Output	DRV_1	Chain 2 Interlocking Circuit	1	safety	ReadOnly	0	N/A
	DRV1EXTCONT	Digital Input	DRV_1	External customer contactor (X2d) at Contactor Board	4	safety	ReadOnly	0	0
	DRV1FAN1	Digital Input	DRV_1	Drive Unit FAN1(X10:3 to X10:4) at Contactor Board	9	safety	ReadOnly	0	0
	DRV1FAN2	Digital Input	DRV_1	Drive Unit FAN2(X11:3 to X11:4) at Contactor Board	10	safety	ReadOnly	0	0
	DRV1K1	Digital Input	DRV_1	Contactor K1 Read Back chain 1	2	safety	ReadOnly	0	0
	DRV1K2	Digital Input	DRV_1	Contactor K2 Read Back chain 2	3	safety	ReadOnly	0	0
	DRV1LIM1	Digital Input	DRV_1	Limit Switch 1 (X2a) at Contactor Board	0	safety	ReadOnly	0	0
	DRV1LIM2	Digital Input	DRV_1	Limit Switch 2 (X2b) at Contactor Board	1	safety	ReadOnly	0	0
	DRV1PANCH1	Digital Input	DRV_1	Drive Voltage contactor coil 1	5	safety	ReadOnly	0	0
	DRV1PANCH2	Digital Input	DRV_1	Drive Voltage contactor coil 2	6	safety	ReadOnly	0	0
	DRV1PTCEXT	Digital Input	DRV_1	External Motor temperature(X2d:1 to X2d:2)	8	safety	ReadOnly	0	0
	DRV1PTCINT	Digital Input	DRV_1	Motor temperature warning(X5:1 to X5:3) at Contactor Board	7	safety	ReadOnly	0	0
	DRV1SPEED	Digital Input	DRV_1	Speed Signal(X1:7) at Contactor Board	12	safety	ReadOnly	0	0
	DRV1TEST1	Digital Input	DRV_1	Run chain 1 glitch test	13	safety	ReadOnly	0	0
	DRV1TEST2	Digital Input	DRV_1	Run chain 2 glitch test	14	safety	ReadOnly	0	0
	DRV1TESTE2	Digital Input	DRV_1	Activate ENABLE2 glitch test at Contactor Board	3	safety	ReadOnly	0	N/A
	DRVOVLD	Digital Input	PANEL	Overload Drive Modules	31	safety	ReadOnly	0	0

图 2-108　I/O 信号配置

图 2-109　重启动

3. 事件管理器的设置

在"仿真"选项卡中设置事件管理器，对 doTool 信号进行设置，用来控制夹具夹取工件，如图 2-110 所示。

图 2-110　事件管理器设置

4. 编写程序并调试

创建合适的示教目标点，插入合适的运动指令和逻辑指令，编写仿真程序，如图 2-111 所示。

完成代码设定后，进行轨迹路径设置，将工作站对象与RAPID 代码进行匹配。

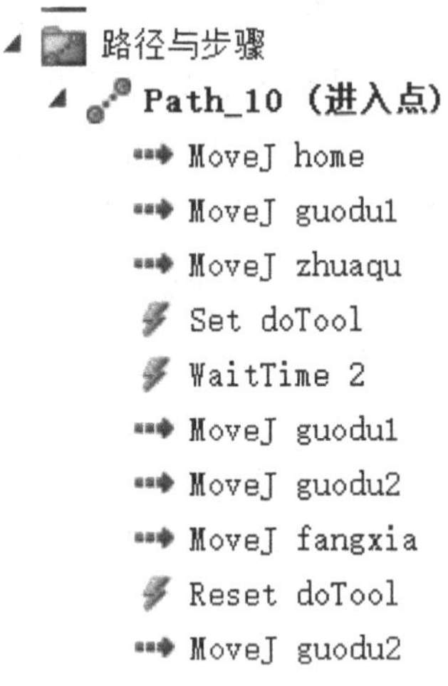

5. 仿真结果分析

仿真设计中机器人进行的装配工作流程与实际生产的工作流程设计保持一致，运动轨迹保持相同，仿真软件中汽车模型零件在装配过程中不发生干涉，说明汽车模型零件的结构及装配设计符合设计要求。

通过对汽车模型零件的装配仿真，对车身装配单元工作站进行整体规划和设计，搭建机器人工作站及系统、设置I/O

▲ 🖼 路径与步骤
 ▲ 🔹 **Path_10（进入点）**
  ➡ MoveJ home
  ➡ MoveJ guodu1
  ➡ MoveJ zhuaqu
  ⚡ Set doTool
  ⚡ WaitTime 2
  ➡ MoveJ guodu1
  ➡ MoveJ guodu2
  ➡ MoveJ fangxia
  ⚡ Reset doTool
  ➡ MoveJ guodu2

图 2-111　仿真程序

信号、建立事件管理器和程序载入，最后进行运动仿真。通过仿真，确定工作站设计的可行性，检测各零部件间是否存在干涉，以及生产线能否正确运行，完成装配任务。根据运动仿真的结果分析，车身装配单元工作站的结构及传动设计符合要求。

2.7.3 仿真程序

将虚拟示教器中的仿真程序代码复制、下载保存，用于后续机器人工作站的在线编程调试，其代码如下所示。

```
MoveJ home,v300,fine,MyNewTool\WObj:=wobj0;
MoveJ du1,v300,fine,MyNewTool\WObj:=wobj0;
MoveJ zhua,v300,fine,MyNewTool\WObj:=wobj0;
Set doTool;
WaitTime 1;
MoveJ du1,v300,fine,MyNewTool\WObj:=wobj0;
MoveJ du2,v300,fine,MyNewTool\WObj:=wobj0;
MoveJ fang,v300,fine,MyNewTool\WObj:=wobj0;
Reset doTool;
MoveJ du2,v300,fine,MyNewTool\WObj:=wobj0;
MoveJ home,v300,fine,MyNewTool\WObj:=wobj0;
MoveJ du1,v300,fine,MyNewTool\WObj:=wobj0;
MoveJ zhua,v300,fine,MyNewTool\WObj:=wobj0;
Set doTool;
WaitTime 1;
MoveJ du1,v300,fine,MyNewTool\WObj:=wobj0;
MoveJ du2,v300,fine,MyNewTool\WObj:=wobj0;
MoveJ fang,v300,fine,MyNewTool\WObj:=wobj0;
Reset doTool;
MoveJ du2,v300,fine,MyNewTool\WObj:=wobj0;
MoveJ home,v300,fine,MyNewTool\WObj:=wobj0;
MoveJ du1,v300,fine,MyNewTool\WObj:=wobj0;
MoveJ zhua,v300,fine,MyNewTool\WObj:=wobj0;
Set doTool;
WaitTime 1;
MoveJ du1,v300,fine,MyNewTool\WObj:=wobj0;
MoveJ du2,v300,fine,MyNewTool\WObj:=wobj0;
MoveJ fang,v300,fine,MyNewTool\WObj:=wobj0;
Reset doTool;
MoveJ du2,v300,fine,MyNewTool\WObj:=wobj0;
MoveJ home,v300,fine,MyNewTool\WObj:=wobj0;
MoveJ du1,v300,fine,MyNewTool\WObj:=wobj0;
MoveJ zhua,v300,fine,MyNewTool\WObj:=wobj0;
Set doTool;
```

```
WaitTime 1;
MoveJ du1,v300,fine,MyNewTool\WObj:=wobj0;
MoveJ du2,v300,fine,MyNewTool\WObj:=wobj0;
MoveJ fang,v300,fine,MyNewTool\WObj:=wobj0;
Reset doTool;
MoveJ du2,v300,fine,MyNewTool\WObj:=wobj0;
MoveJ home,v300,fine,MyNewTool\WObj:=wobj0;
```

2.8　总结

　　本章利用机器人产学研中心校企合作企业研发设计的教学用汽车模型自动化生产线，基于实践教学与生产实际紧密结合的教学理念，根据机器人工程专业实践教学的情况，从结构设计、电气设计及仿真设计三个方面阐述了教学用自动化生产线设计的基本思路及一般过程。

　　在生产线结构设计方面，主要开展了生产线工作站的工艺流程分析、机器人选型设计、气动装置设计、工装夹具设计及工作站的整体结构设计。

　　在生产线电气设计方面，主要开展了生产线工作站的电气控制流程分析、控制器的选型设计、工作站的电气原理设计、I/O 端口功能设计、参数设置与注意事项及生产线工作站单元的人机交互界面设计等。

　　在生产线仿真设计方面，主要以汽车模型装配单元工作站为例，开展了机器人工作站的仿真设计，阐述了利用 RobotStudio 软件开展工作站仿真设计的一般步骤及实现功能。

▶ 第 3 章

教学用冲压机器人工作站设计

冲压机器人工作站系统是一种集成了多种技术的自动化生产系统，它在企业生产物流过程中所占的比重反映了企业的自动化水平。目前，我国汽车、钢铁等行业为了提高企业的生产率、降低工人的作业强度，大幅提高了对冲压自动化生产线的需求。抓住汽车、钢铁等行业对冲压自动化生产线的迫切需求，研发设计具有我国自主知识产权的高性能、低成本的冲压机器人工作站，以此带动其他设计制造技术、关键部件的生产和生产线系统集成技术的发展，对推动我国自动化生产线的产业发展具有重要意义。传统冲压生产多采用人工操作冲压设备的方式，生产率较低，人工操作冲压设备具有一定危险性。本章介绍的冲压机器人工作站代替人工进行冲压操作，可提高冲压生产率和安全性，大大降低冲压工人的劳动强度。

3.1 设计意义与设计背景

3.1.1 设计意义

根据国内外冲压机器人工作站的研究现状和发展趋势，以及冲压工艺要求和机器人工程专业实践教学特点，本章确定了教学用冲压机器人工作站的总体设计方案和工艺流程。本章设计的教学用冲压机器人工作站主要由机器人本体、压力机、变位机、送料转盘、夹具库、底座和清洗机等组成。首先，进行教学用冲压机器人工作站的结构设计，阐述结构设计方案及设计过程，完成冲压机器人工作站的系统集成设计。其次，进行教学用冲压机器人工作站的控制系统设计，主要包括冲压机器人控制原理设计和控制系统 I/O 功能设计。最后，利用 RobotStudio 软件进行工作站运动仿真，检验工作站结构设计的合理性。本章介绍的教学用冲压机器人工作站丰富了高校机器人工程专业实验实训的应用案例，有助于学生掌握机器人工作站结构设计、电气设计及仿真设计的基本思路及一般过程，具有重要的实践教学意义。

3.1.2 设计背景

冷冲压是利用压力机的往复运动，对常温状态下的金属或非金属材料施加压力，使板料分离或产生塑性变形，从而获得所需形状、尺寸的零件的基本塑性加工方法。冲压加工已广泛应用于大规模生产中，在现代工业生产中发挥着重要作用。冲压生产具有以下优点：模具、自动化冲压设备和自动化送料装置相互配合，生产率高；相比于其他加工方法，冲压加工产生的废料较少且废料可二次利用，材料利用率高；冲压加工可得到精度高、刚度大、互换性好的零件；冲压加工操作简单，便于大批量生产，易于实现自动化和机械化。

冲压加工广泛应用于五金、电子、机械、汽车、航空航天等行业。冲压加工在效率和实用性方面的优势使其在制造业中有着重要作用。目前，国内的冲压加工还没有完全实现自动化生产，在多种场合下，依然是人工操作冲压设备。人工操作冲压设备很难满足快节奏、高负荷的冲压生产需求，严重制约了冲压生产率。在面对产品技术含量高、更新换代快的现代化生产模式的挑战时，越来越多的企业希望升级改造传统的冲压生产线，降低人工成本。

目前，在国内冲压行业中，应用现代计算机技术和制造技术对产业进行技术升级，将传统的单一压力机生产变为自动化冲压生产线，提高工件的生产质量和生产率，实现企业转型是大势所趋。企业在进行冲压生产线自动化升级改造过程中，大多基于现有的冲压设备，利用机器人的控制性和通用性，通过计算机辅助控制进行自动化升级改造，可避免购置新的冲压设备，减少改造成本。冲压机器人替代传统冲压生产的人工操作，不仅能节约大量的人力和物力，而且能提高生产率和生产安全性。冲压机器人在工业机器人的主要应用中占比较大。冲压工作站中机器人与压力机、控制器结合，可在预先编制的程序下开展检测感知零件、完成零件夹取放置等工作。修改程序可改变机器人执行的动作，柔性程度高。

3.2 冲压机器人工作站概述与总体设计

3.2.1 冲压机器人工作站概述

本章基于机器人产学研中心校企合作企业开发设计的冲压机器人项目进行教学化应用设计改造，以便更好地用于机器人工程专业的实践教学，实现理论教学与实际生产的有机结合。教学用冲压机器人工作站根据实际冲压机器人工作站工艺流程，采用压力机自动下料与机器人码垛联合开展下料、清洗及码垛等生产工艺进行系统集成设计。冲压机器人工作站系统由压力机、六轴机器人、下料双工位旋转台、下料工装托盘、手部夹爪，清洗机、整体支座以及系统控制柜等组成。教学用冲压机器人工作站人机交互界面的设计用于产品信息追溯管理，采用PLC实现自动化生产控制、互联互通。

3.2.2 冲压机器人工作站总体设计

冲压机器人工作站的压力机通过电气改造，与机器人配合工作实现冲压自动化生产。

下料装置为人工下料和机器人下料的双工位旋转台，可实现连续进料，在下料旋转台上设计下料工装托盘，可实现产品换型时快速更换托盘。

清洗机配置无声气枪，气枪喷出的高压空气清洗产品铝屑，并收集、过滤、回收。清洗机两侧设有检测传感器，用于检测机器人抓取物料情况。

机器人手部设计了快换夹爪，每个产品匹配一套专用夹爪，存放于夹具库内。机器人夹爪完成毛坯料及完成料的抓放，进行产品换型时，机器人工作站可自动更换夹爪，以适用于不同型号工件的抓放。

冲压机器人工作站通过螺栓紧固在底板上，如果出现故障或需要移机，可将地脚连接螺栓拆卸后移动工作站。教学用冲压机器人工作站总体设计如图 3-1 所示。

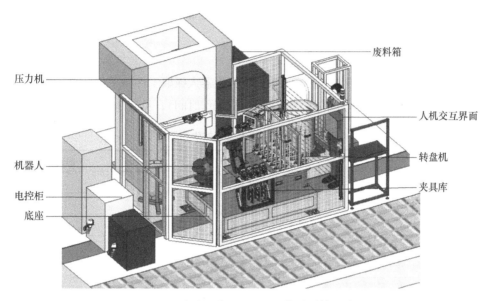

图 3-1　教学用冲压机器人工作站总体设计

1. 工作要求

冲压机器人工作站在生产过程中，根据现场工作要求，可进行工件的码料、夹取、运送和排料等工作。设置不同的生产参数可控制冲压机器人的生产节奏，保证冲压工艺流程的流畅性，具体工作要求如下：

1）生产过程流畅、生产率高。

2）冲压机器人的最低生产节拍为 1200 只/h。

3）可根据压力机的生产节拍设置机器人的动作节拍。

4）控制系统功能齐全，可根据工况调整工艺参数。

5）设置自动和手动两种控制模式。正常生产时采用自动控制模式，保证生产率；检修、调试设备时采用手动控制模式，便于工作人员操作。

6）设置报警装置和指示灯，用于指示正常生产状态和报警状态。

2. 工作流程

本设计中的教学用冲压机器人工作站按照实际冲压工作站的生产流程开展工作，具体如下：

1）操作人员在示教器中输入操作员代号及密码后启动工作站各设备。

2）机器人夹爪移动到压力机内，压力机连续冲压 3 次后，机器人夹爪抓取冲孔后的产品。

3）机器人抓取冲孔后的产品，将其放到清洗机中吹气，清除铝屑。清洗机中设有传感器，机器人抓取产品异常则报警停机，人工干预处理后再正常工作。

4）机器人移动到下料工装托盘位置，打开夹爪进行下料。

5）机器人移动至压力机内进入工作状态。

6）重复以上工作，循环加工下一个零件。

下料托盘码垛完成后，转台旋转 180°，人工取出加工完成的工件，系统在人机交互界面中记录产品的相关信息。

3. 生产节拍

本设计中的冲压机器人工作站生产节拍如下：机器人抓取工件→平移→吹气清洗→下料→回压力机接料，8s 完成一次生产节拍（不含压力机工作时间），见表 3-1。

表 3-1　冲压机器人工作站生产节拍

序号	工作环节	时间/s
1	机器人抓取工件	1.5
2	平移	1.5
3	吹气清洗	2
4	下料	2
5	回压力机接料	1
总计		8

4. 机器人选型

本设计中选用 ABB IRB1600 型工业机器人，外形如图 3-2 所示。

IRB 1600-x/1.45

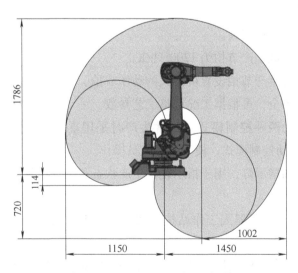

图 3-2　ABB IRB1600 型工业机器人

ABB IRB1600 型工业机器人的高刚性设计配合直齿轮，可靠性高，即便在恶劣的作业环境下该机器人都能适应工作环境。机械部分采用 IP54 防护等级，敏感件采用标准 IP67 防护等级，具有支架式、壁挂式、倾斜式及倒置式等灵活多样的安装方式。本设计选用行程为1.45m 的长臂版本机器人，最高总负载为 36kg，本体质量为 130kg。

本设计选用 IRC5 型控制柜，该控制柜主要由主控、伺服驱动等部分组成。控制柜除了对机器人运动进行控制，还可以实现输入、输出控制。控制柜主控部分根据示教编程器提供的信息，生成工作程序，并对程序进行运算，计算机器人各轴的运动，将指令传送给伺服驱动系统，伺服驱动系统处理控制柜主控部分传送的指令，产生伺服驱动电流驱动伺服电动机。控制柜在机器人工作时，通过输入、输出接口控制机器人工作站周边装置运动。

3.2.3 冲压机器人工作站电气控制方案

1. 控制系统

在自动化冲压生产中，控制系统是冲压机器人工作站的核心系统。控制系统通过传感器监控工作站的冲压生产过程。控制系统的先进性、完善性以及软硬件的可靠性，都会影响冲压的生产率。实现控制系统和机械结构有机配合，才能实现冲压机器人工作站效率最大化。

1）控制系统物理层。工作站控制系统的物理层主要由控制站、操作站、数据转换接口、现场控制层、现场数据采集及执行机构等组成。物理层包含了电动机检测、输入输出等控制系统所需的所有物理基础，主要负责数据的收集和处理。

2）控制系统数据层。在控制系统中，数据层主要开展数据的传输和处理。控制系统采用总线技术相互连接，各个层面的数据一般采用线路少、简单可靠的 EPA 总线技术保证控制系统可靠、稳定的运行。

3）控制系统人机交互平台。工作站操作人员通过控制系统人机交互平台的触摸屏对冲压机器人工作站的运行进行控制，人机交互平台的流畅性及可操作性是非常重要的。触摸屏不同位置设有冲压机器人工作站的操作按键，生产线上各机器人由总线连接起来，传输到上位机 PLC，实现对冲压机器人工作站整体的监控。上位机主触摸屏显示各机器人是否正常工作的信号，当冲压机器人出现故障时，发出报警信号，然后冲压机器人异常报警信息会被传送到上位机 PLC，并在主触摸屏上显示异常信息，工作人员分析主触摸屏显示的异常信息产生的原因，处理解决冲压机器人工作站异常工作问题。

2. 工作站其他电气元件

工作站电气系统工作控制设置三色灯，机器人工作站正常工作时，三色灯显示为绿色，若机器人工作站工作出现故障，三色灯显示为红色并发出报警信号。在机器人工作站上设置按钮盒，系统停止、暂停、急停等均通过按钮盒操作。在设备断电或急停时，为避免损坏设备、伤害人身，不允许设备运动执行元件有任何运动。各应用单元之间前后逻辑运动关系要可靠互锁，不能产生误操作，以免产生危险。

在自动、手动工作方式中，各应用单元内部的前后动作顺序也要实现互锁。在机器人控制柜、示教盒上设置急停按钮，出现紧急情况时按下急停按钮，工作站紧急停止工作，并发出报警信号。机器人与压力机工作区域保持互锁关系，采用双回路安全保护方式。机器人应配置智能防碰撞和安全制动功能，并设置安全围栏及安全门锁等安全装置。

3.3 冲压机器人工作站结构设计

3.3.1 机器人手部夹具设计

机器人手部夹具的主要功能是实现机器人抓取、放置工件，本设计的夹具采用气缸夹紧。为实现夹具快速换型功能，手部夹具为快换单爪手结构设计，主要由把持体、气缸及夹爪三部分组成。其中，把持体、夹爪结构为非标准设计，把持体上端与机器人腕部连接，下端与气爪连接，手部夹具总体设计如图3-3所示。

图3-3 手部夹具总体设计

夹爪由左右仿形手指、导向块及导杆组成，其中左右仿形手指对称布置，导向块对工件起定位作用，为方便进行手指更换，采用螺钉连接手指与气缸。左右仿形手指通过导杆进行连接，由气缸进行驱动。根据产品型号设置手指的开合行程，确保左右手指与工件单边间隙约为0.5mm，进行工件左右定位。导向块安装在导杆上，对工件前、后定位，向上延伸到压力机落料底部位置，确保工件准确落入导向块定位范围。夹爪结构如图3-4所示。

夹爪采用优质合金材料的导轨，具有定位精度高、夹持稳定的特点。气缸采用三菱自润滑密封圈密封，可防止气缸左右两腔窜气，具有耐磨损、误差小、工作效率高的特点，其外形如图3-5所示。夹头采用不锈钢材料，具有坚固耐用、不易生锈断裂的特点，可胜任一般的夹紧工作。缸体采用铝合金材料，具有耐磨损、安装方便的特点。气缸的主要参数见表3-2。

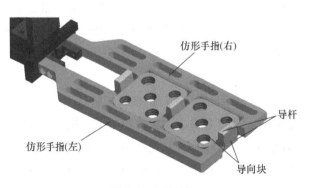

图3-4 夹爪结构

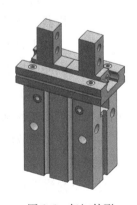

图3-5 气缸外形

表 3-2　气缸的主要参数

气　缸　参　数	
缸径/mm	16
进气孔螺纹规格尺寸/mm	M5×0.8
开闭行程（两侧）/mm	12
闭时爪距/mm	14.9
开时爪距/mm	20.9
外径夹持力/N	34
内径夹持力/N	45

手指气缸内部结构如图 3-6 所示，主要工作流程如下：当 A 口进气 B 口排气时，气缸活塞杆伸出，通过杠杆绕杠杆轴回转，带动两个手指通过一组钢球在导轨上做向外直线运动，两手指张开，松开工件。止动块用于限制手指张开行程，定位销用于保证直线导轨运动不错位。

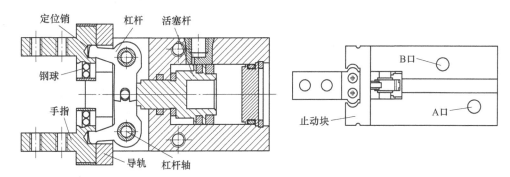

图 3-6　手指气缸内部结构

当真空气压为 0.5MPa 时，气缸直径为 16mm，气缸的理论输出力 $F = 10.1$N。已知工件质量 m 为 1kg，气缸与表面的摩擦系数 μ 为 0.5，气缸行程 $L = 120$mm，气缸响应时间 $t = 0.5$s，气缸的压缩气压为 0.5MPa。

气缸的理论推力 F_0 为

$$F_0 = \frac{\pi}{4} D^2 p = \frac{\pi}{4} \times 16^2 \times 0.5\text{N} = 100.48\text{N}$$

其中，D 为气缸直径（mm）；p 为额定工况下的工作压强（MPa）。

气缸的实际拉力 F_1 为

$$F_1 = \frac{\pi}{4}(D^2 - d^2)p = \frac{\pi}{4} \times [16^2 - (0.3 \times 16)^2] \times 0.5\text{N} = 91.4\text{N}$$

其中，d 为活塞杆直径（mm），一般取 $d = 0.3D$。

气缸的轴向负载力 F 为

$$F = \mu mg = 0.5 \times 1 \times 10\text{N} = 5\text{N}$$

气缸的平均速度 v 为

$$v = \frac{L}{t} = \frac{120}{0.5}\text{mm/s} = 240\text{mm/s}$$

气缸速度为 100~500mm/s 时，通常取 $\eta = 0.5$，η 为气缸负载率。

由气缸的直径公式计算得到单杆活塞缸缸径为

$$D = \sqrt{\frac{4F_0}{\pi p}} = \sqrt{\frac{4 \times 100.48}{3.14 \times 0.5}}\text{mm} = 16\text{mm}$$

计算所得结果与所选气缸缸径一致，说明设计计算结果合理。

3.3.2　压力机与转台

为保证压力机加工时机器人手臂的工作安全，需对现有的压力机进行技术改造，由人工触发改为由 PLC 控制触发，通过系统控制触发实现自动化生产，实现机器人工作区域互锁，避免机器人进入工作区域发生碰撞危险。

旋转台采用双工位，设计了快换托盘结构，可根据产品类型快速更换托盘工装。旋转台配置 DR-RP20 型变位机，参数如下：负荷为 50~500kg，工作台宽度为 500~1200mm，重复定位精度为 0.1mm，最大速度为 15rad/min，配置高精密减速机和自动润滑系统，采用松下伺服系统。在变位机上加装载具，满足放置工件要求，转台变位机结构如图 3-7 所示。变位机下料工装托盘的单工位能储存大于 900 个料位，以便补料人员有足够的周转时间。为适应多型号工件，以及模具腔数变化，下料托盘结构要能够满足产品换型后快速更换下料工装托盘的需求，下料托盘结构如图 3-8 所示。

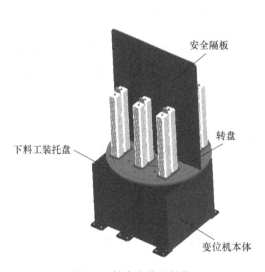

图 3-7　转台变位机结构

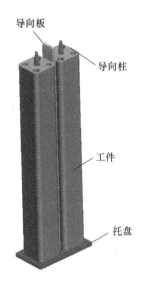

图 3-8　下料托盘结构

3.3.3　清洗机

清洗机的主要功能是对冲压加工后工件表面的切屑进行清理，采用高压吹气的方式。本设计选用无声气枪清洗机，以减小吹气清洗过程产生的噪声，如图 3-9 所示。

清洗机中工件检测光栅的主要功能是检测工件是否正常进入机器人手部夹具中，如果检测到工件定位异常，则报警停机，等待人工处理。清洗机配置过滤精度 1000 目、直径为 G4 的过滤器。

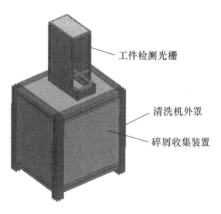

工件检测光栅

清洗机外罩

碎屑收集装置

图 3-9　清洗机外形

3.3.4　整体设计

机器人及设备安装在一体式平台上，地脚螺钉和过渡板利用脚杯定位，通过螺栓连接紧固，连接螺栓拆卸即可移动工作站各设备，重新移机定位时，需将脚杯放入过渡板沉槽。整体平台上机器人、快换工具、转台合理布局在机器人工作半径以内，其结构设计如图 3-10 所示。设备防护围栏是在设备外围建立的安全范围防护措施，和安全门、安全光栅及断电设备配套使用，阻隔非操作人员与运行设备直接接触，避免发生安全事故，其结构设计如图 3-11 所示。

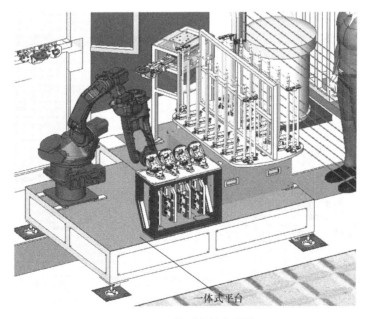

一体式平台

图 3-10　整体平台结构设计

过渡板螺钉拆卸后
可移走，无须再次定位

图 3-11　安全围栏结构设计

3.4　冲压机器人工作站仿真设计

3.4.1　设备布局与系统创建

冲压机器人工作站系统的集成和虚拟仿真，需先在仿真软件中进行冲压工作站的设备布局，将各工作站设备模型导入 ABB 仿真软件 RobotStudio 中，根据平面草图完成设备布局，创建机器人控制系统，具体流程如下。

在图 3-12 所示的导入机器人界面中，选择 IRB1600 机器人，并设置容量为 10kg，到达半径为 1.2m。

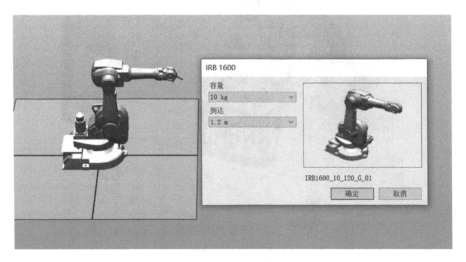

图 3-12　导入机器人

依次导入几何体一体化平台、控制柜、机床、变位机、物料台、清洗机、夹具库等模型，几何体导入后的布局如图 3-13 所示。

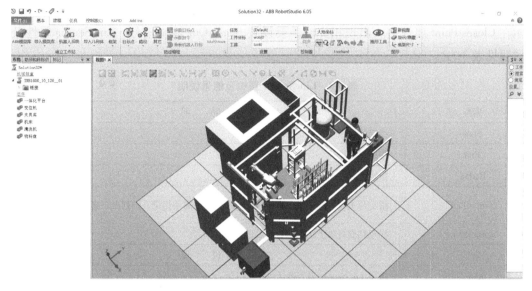

图 3-13　几何体导入后的布局

创建工业机器人工作站控制系统，如图 3-14 所示，单击"机器人系统"，选择"从布局创建"，单击"下一个"，输入系统名称，完成控制系统的创建。

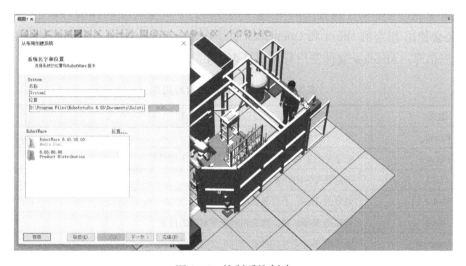

图 3-14　控制系统创建

3.4.2　创建 Smart 组件

Smart 组件是 RobotStudio 对象，该组件动作可以由代码或其他 Smart 组件控制执行。该组件中包含的所有对象以列表的形式显示。已连接至库的文件会使用特殊的图标表示。

1. LineSensor

LineSensor 根据 Start、End 和 Radius 定义一条线段。当 Active 信号为 High 时，传感器将检测与该线段相交的对象。相交的对象显示在 ClosestPart 中，距离传感器起点最近的相交点显示在 ClosestPoint 属性中。出现相交时，会设置 SensorOut 输出信号。LineSensor 属性及信号说明见表 3-3。

表 3-3　LineSensor 属性及信号说明

属性	说　明
Start	指定起始点
End	指定结束点
Radius	指定半径
SensedPart	指定与 LineSensor 相交的部件。如果有多个部件相交，则列出距离起始点最近的部件
SensedPoint	指定相交对象上距离起始点最近的点
信号	说　明
Active	指定 LineSensor 是否激活
SensorOut	当 Sensor 与某对象相交时为 True

2. Attacher

设置 Execute 信号时，Attacher 将 Child 安装到 Parent 上。如果 Parent 为机械装置，还必须指定要安装的 Flange。设置 Excute 输入信号时，子对象将安装到父对象上。如果选中 Mount，还会使用指定的 Offset 和 Orientation 将子对象装配到父对象上。完成时，将设置 Executed 输出信号。Attacher 属性及信号说明见表 3-4。

表 3-4　Attacher 属性及信号说明

属性	说　明
Parent	指定子对象要安装在哪个对象上
Flange	指定要安装在机械装置的哪个法兰上（编号）
Child	指定要安装的对象
Mount	如果为 True，子对象装配在父对象上
Offset	当使用 Mount 时，指定相对于父对象的位置
Orientation	当使用 Mount 时，指定相对于父对象的方向
信号	说　明
Execute	设为 True 进行安装
Executed	当完成时发出脉冲

3. Detacher

设置 Execute 信号时，Detacher 会将 Child 从其所安装的父对象上拆除。如果选中了 KeepPosition，位置将会保持不变，否则相对于其父对象放置子对象的位置。完成时，将设置 Executed 信号。Detacher 属性及信号说明见表 3-5。

表 3-5　Detacher 属性及信号说明

属性	说　　明
Child	指定要拆除的对象
KeepPosition	如果未 False，被安装的对象将返回其原始的位置
信号	说　　明
Execute	设该信号为 True，移除安装的物体
Executed	当完成时发出脉冲

4. Source

源组件的 Source 属性表示在收到 Execute 输入信号时应复制的对象，所复制对象的父对象由 Parent 属性定义，输出信号 Executed 表示复制已完成。Source 属性及信号说明见表 3-6。

表 3-6　Source 属性及信号说明

属性	说　　明
Source	指定要复制的对象
Copy	指定复制
Parent	指定要复制的父对象。如果未指定，则将复制与源对象相同的父对象
Position	指定复制相对于其父对象的位置
Orientation	指定复制相对于其父对象的方向
Transient	如果在仿真时创建了复制，将其标志为 "瞬时的"。这样的复制不会被添加至撤销队列中，且在仿真停止时自动被删除，可以避免在仿真过程中过分消耗内存
信号	说　　明
Execute	设该信号为 True，创建对象的复制
Executed	当完成时发出脉冲

3.4.3　创建工具坐标系

进行仿真模拟时，在机器人法兰盘末端安装用户自定义工具，用户自定义工具像 RobotStudio 建模库中的工具一样，能够自动安装到机器人法兰盘末端且保证坐标方向一致，并且能自动生成工作坐标。导入 3D 文件创建机器人工具的流程如下。

工具模型的本地坐标系与机器人的法兰盘坐标系 Tool0 重合，工具末端的工具坐标系即作为机器人的工具坐标系。为了用户自定义工具与系统建模库默认的工具有相同的属性，需对用户自定义模型进行两步图形处理，首先在工具法兰盘段创建本地坐标系，其次在工具末端创建工具坐标系。

首先，改变工具位置，使法兰盘所在平面位置与大地坐标系正交（方便处理坐标方向），将夹爪法兰盘中心与大地坐标原点重合，设置本地原点，如图 3-15 所示。

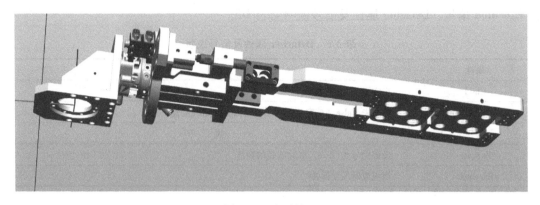

图 3-15　夹爪放置

其次，创建框架，创建工具改变工具的位置，创建 TCP 后，将工具拖拽至机器人上，完成工具安装。点动机器人实现工具运动与机器人的同步，如图 3-16 所示。

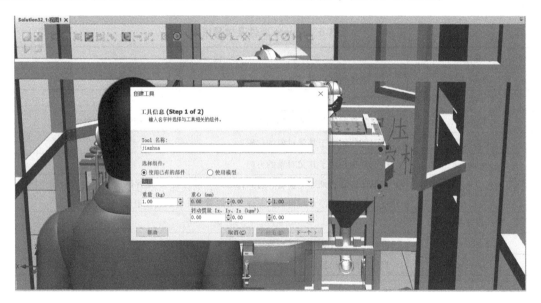

图 3-16　创建工具

3.4.4　创建组件连接

创建 Smart 组件"SC-zhuaqu"（图 3-17），分别设置子组件 LineSensor、LogicGate、Attacher、Detacher 的参数。

设置 Smart 组件"SC-zhuaqu"的内部连接（图 3-18），子组件 LineSensor 的输出信号连接 Attacher 的输入端，Attacher 的输出端连接 LogicGate 信号的输入端，LogicGate 信号的输出端连接 Detacher 的输入端。

在"信号和连接"界面新建 distart 信号，类型为 digitaloutput，如图 3-19 所示。在仿真设计的工作站逻辑中，新建 dostart 信号，类型为 digitalinput。

图 3-17　"SC-zhuaqu"组件创建界面

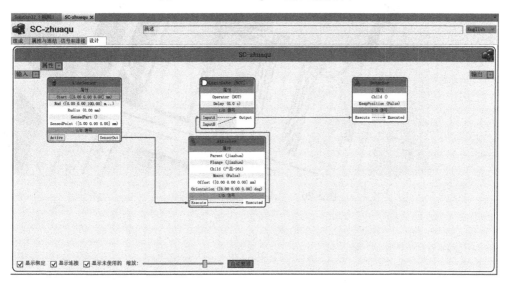

图 3-18　"SC-zhuaqu"内部连接

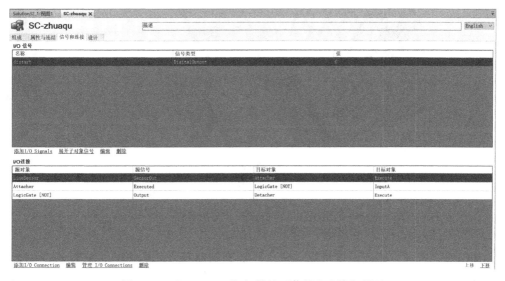

图 3-19　"SC-zhuaqu"组件的"信号和连接"界面

3.4.5　离线编程示教

设置离线编程点，创建目标点，选择机器人机械原点为 home 点，料盘抓取点为"zhua-qu"，清洗机放置点为"qingxi"，机床加工点为"jiagong"，每个工步动作设置 1~2 个过渡点，如图 3-20~图 3-22 所示。

图 3-20　"zhuaqu"点示教界面

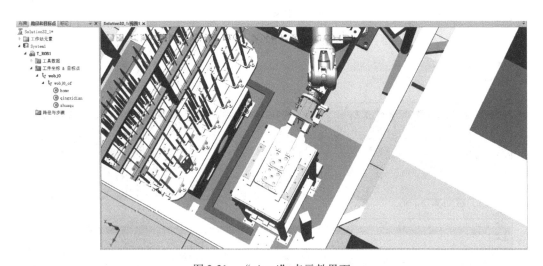

图 3-21　"qingxi"点示教界面

创建路径，选择空路径，将目标点依次添加到新路径"Path_10"，修改指令的运动方式、速度及区域，调整路径中各指令的顺序，合理插入过渡点，编制"waitime"等逻辑指

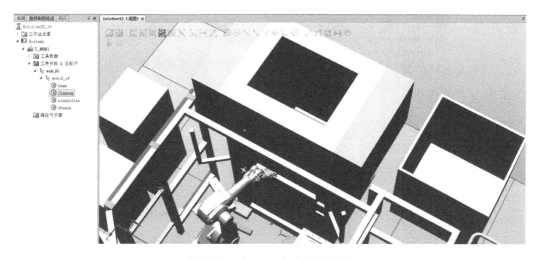

图 3-22　"jiagong"点示教界面

令，设置等待时间为 3s，右击"Path_10"，选择"到达能力"，然后自动配置路径，如图 3-23 所示。

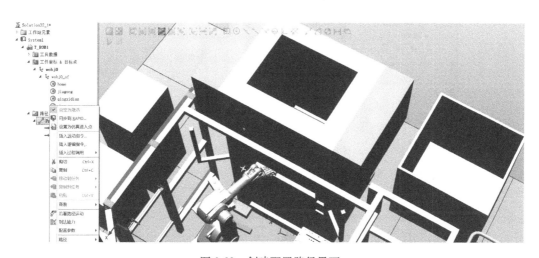

图 3-23　创建配置路径界面

启用 TCP，观察仿真过程是否存在碰撞、干涉现象，及时调整过渡点，如图 3-24 所示。

单击"I/O 仿真器"，选择"SC-zhuaqu"，单击"播放"，单击"distart"。夹具抓取工件，运动到机床加工位置，接触限位传感器停止运动。将离线编程同步到 RAPID，全部设置为同步，单击"T_ROB1"进入点，选择"Path_10"，进行仿真设置，如图 3-25 ~ 图 3-27 所示。

观看仿真视频，并录制视频。单击菜单栏中的"文件"，单击"共享数据"，选择适合的路径，将工作站打包，如图 3-28 所示。

图 3-24 "TCP 跟踪"界面　　　　图 3-25 同步到 RAPID（一）

图 3-26 同步到 RAPID（二）

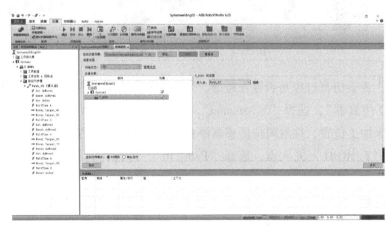

图 3-27 设置"进入点"

图 3-28　打包工作站

3.5　冲压机器人工作站电气系统设计

根据冲压工作站的控制要求，选用具有 14 个数字量输入（DI）接口、10 个数字量输出（DQ）接口和 2 个模拟量输入（AI）接口的 CPU 1214C DC/DC/DC 型 PLC；配备具有16 个 24V DC 数字量输入（DI）接口和 16 个 24V DC 数字量输出（DQ）接口的 SM 1223 数字量输入/直流输出模块。配备信号模块后，PLC 控制模块共有 30 个 DI 接口和 26 个 DQ 接口，可满足冲压工作站设计控制端口的需求。

冲压机器人工作站主电路电气原理如图 3-29 所示。机器人电源、转台电动机以及清洗机风机连接三相电源，中间设置断路器控制各设备电源的通断。其中，机器人电源 U、V、W 和 PE 线引出至 XTI 端子排的 1~4 号端子，通过对应的矩形插头连接，给机器人供电。转台电动机为三相异步交流电动机，凸轮分割器信号接通，KM2 交流接触器导通，通过热继电器 FR1 连接至 SM 电动机调速器，控制转台电动机的运行速度。当清洗风机线圈通电时，KM3 交流接触器导通，电流经过热继电器 FR2 传输至清洗机风机，三相异步交流电动机转动。

冲压机器人工作站控制电源的电气原理如图 3-30 所示，打开电气控制柜触发限位开关，此时控制柜散热风扇和照明灯接通单相交流电开始工作。开关电源通过断路器、5A 熔断器及 10A 的滤波器与单相交流电源连接，按下按钮，KM1 线圈得电，开关电源导通，将单相交流电转化为+24V 直流电压输出。

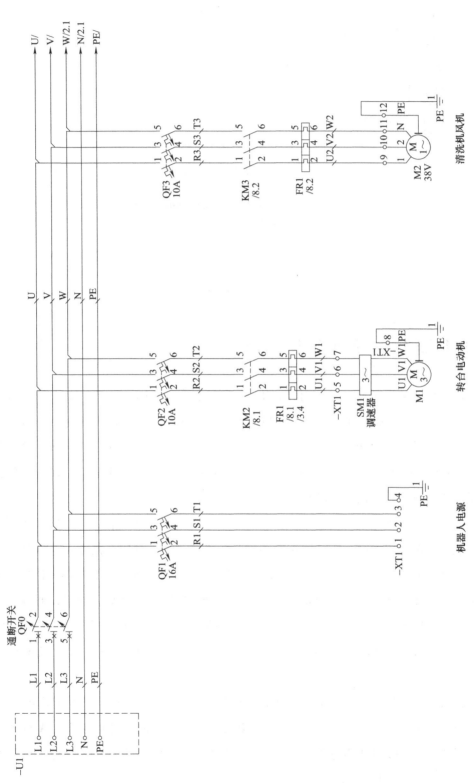

图 3-29　冲压机器人工作站主电路电气原理

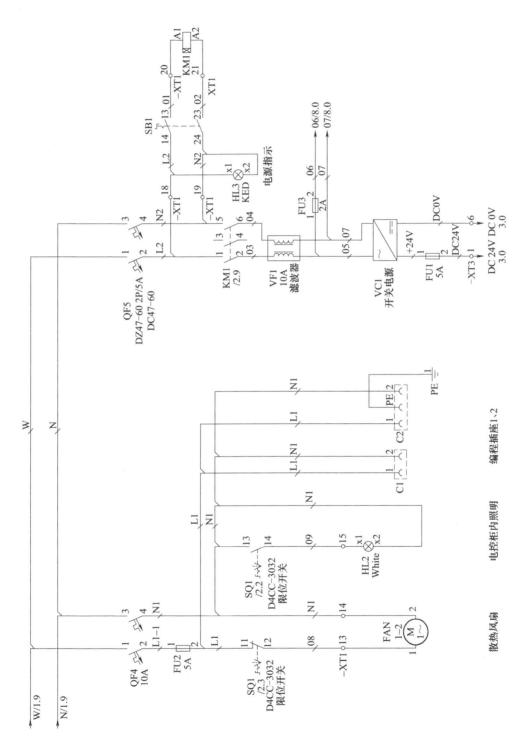

图 3-30 冲压机器人工作站控制电源电气原理

　　冲压机器人工作站 PLC 输入 1 的电气原理如图 3-31 所示。选用 24V DC 给 CPU 1214 DC/DC/DC 供电，其输入接口 I0.0、I0.1、I0.2 和 I0.3 分别连接气缸预留输入 1、气缸预留输入 2、定位完成（备用）和转台电动机报警信号。PLC 输入接口 I0.4 连接热继报警器，PLC 的 I0.5、I0.6、I0.7 和 I1.0 输入接口通过 XT2 端子的 3~6 号端子，分别连接至凸轮分割器信号 1、凸轮分割器信号 2、清洗机内检测 1 和清洗机内检测 2 信号。PLC 的输入接口 I1.1~I.5 分别通过 XT2 端子的 8~12 号端子连接至冲压机器人工作站的启动、复位、暂停、停止及急停按钮。

　　冲压机器人工作站 PLC 输入 2 的电气原理如图 3-32 所示，PLC 输入 2 主要为冲压机、机器人输入信号。SM1223 数字量输入输出模块由 24V DC 直流电源供电，其输入接口 I2.0、I2.1 和 I2.2 分别通过 XT2 端子的 13~15 号端子连接冲压机原点、允许进入冲压机和冲压机备用输入信号。SM1223 输入接口 I2.3~I3.7 分别引出至 XT2 的 18~30 号端子。从冲压机器人工作站矩形插座分配 2 和 3 的电气原理图可以看出，XT2 的 18 和 19 号端子连接安全光幕 1 和安全光幕 2，20 号引脚连接外部急停信号，21~28 引脚分别连接至 ROB 原点、ROB 报警、ROB 远程模式、ROB 到达冲压机、ROB 到达清洗机、ROB 上料完成、ROB 备用和 ROB 运行中信号，其 29~30 引脚连接转台处监测工件 1 和转台处监测工件 2 信号。

　　冲压机器人工作站 PLC 输出 1 的电气原理如图 3-33 所示。工作站 PLC 输出 1 主要为电缸、凸轮分割器和冲压机输出控制信号。CPU 1214 由 24V DC 电源供电，其输出接口 Q0.0、Q0.1、Q0.2 和 Q0.3 分别连接备用电缸脉冲、备用电缸方向，备用电缸使能和电缸/转台报警清除输出信号。PLC 输出接口 Q0.4 输出至凸轮分割器，Q0.5 用作凸轮分割器备用输出，Q0.6 输出至清洗机风机，Q0.7 输出至清洗机吹气电磁阀，Q1.0 用于允许冲压机出料信号，Q1.1 输出至冲压机停止信号。

　　冲压机器人工作站 PLC 输出 2 的电气原理如图 3-34 所示，工作站 PLC 输出 2 主要为机器人和指示输出信号。SM1223 由 24VDC 直流电源供电，其输出接口 Q2.0~Q2.7 输出信号接机器人控制程序，分别为 ROB 允许进入冲压机、ROB 撤离冲压机、ROB 撤离清洗机、ROB 允许上料、ROB 启动、ROB 程序选择、ROB 通用安全输入和 ROB 伺服上电，Q3.0 输出用于 ROB 暂停信号，Q3.1 用于备用 ROB 信号，Q3.2~Q3.4 输出信号分别连接至三个报警灯的绿灯、黄灯和红灯，Q3.5~Q3.6 分别用于备用冲压机信号和备用电磁阀信号。

　　冲压机器人工作站所用的 CPU 1214 和 SM1223 的输入及输出信号的 I/O 分配见表 3-7。

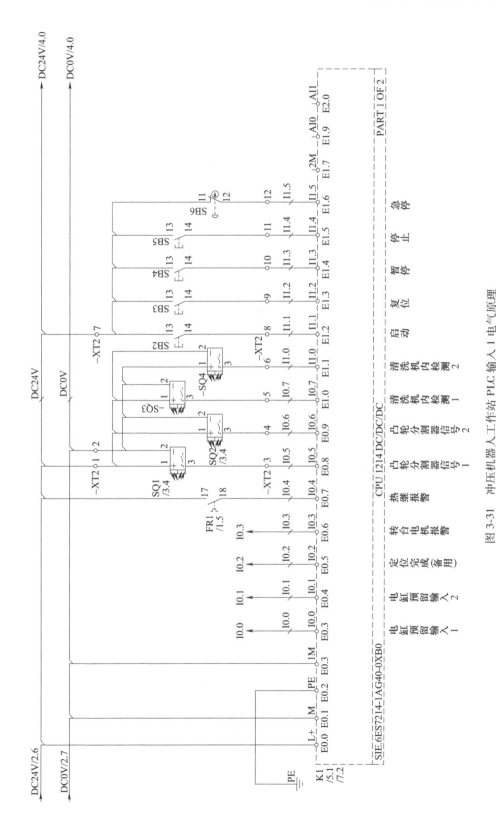

图 3-31 冲压机器人工作站 PLC 输入 1 电气原理

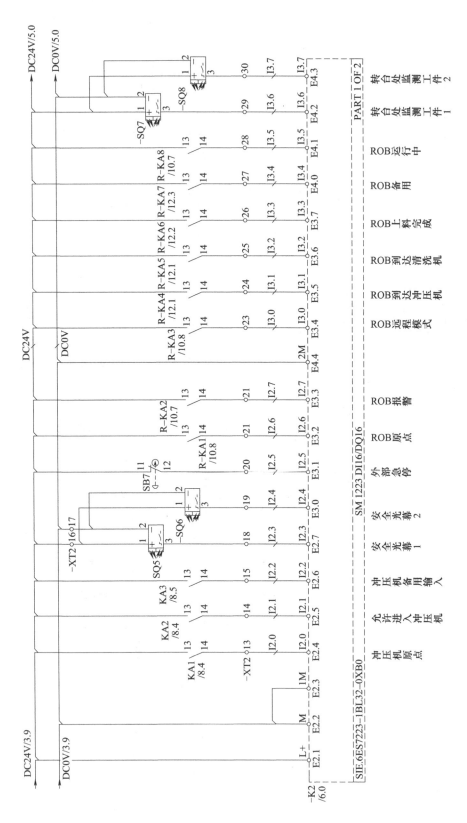

图 3-32　冲压机器人工作站 PLC 输入 2 电气原理

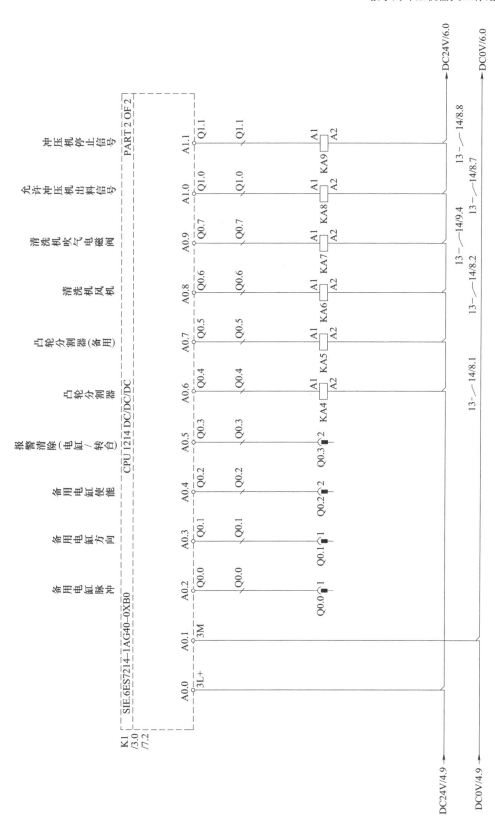

图 3-33 冲压机器人工作站 PLC 输出 1 电气原理

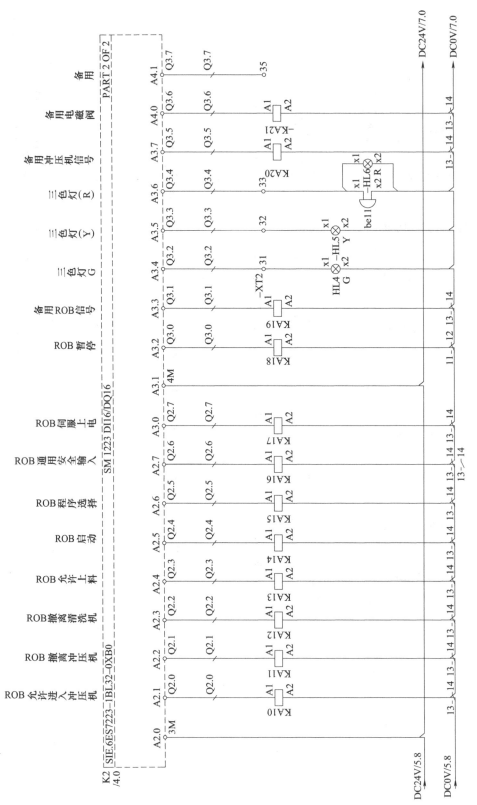

图 3-34 冲压机器人工作站 PLC 输出 2 电气原理

表 3-7　冲压机器人工作站 I/O 分配

输入（Input）			输出（Output）		
设备	I/O 地址	符号说明	设备	I/O 地址	符号说明
CPU1214	I0.0	电缸预留输入 1	CPU1214	Q0.0	备用电缸脉冲
	I0.1	电缸预留输入 2		Q0.1	备用电缸方向
	I0.2	定位完成（备用）		Q0.2	备用电缸使能
	I0.3	转台电动机报警		Q0.3	报警清除（电缸/转台）
	I0.4	热继报警		Q0.4	凸轮分割器
	I0.5	凸轮分割信号 1		Q0.5	凸轮分割器（备用）
	I0.6	凸轮分割信号 2		Q0.6	清洗机风机
	I0.7	清洗机内检测 1		Q0.7	清洗机吹气电磁阀
	I1.0	清洗机内检测 2		Q1.0	允许冲压机出料信号
	I1.1	启动		Q1.1	冲压机停止信号
	I1.2	复位	SM1223	Q2.0	ROB 允许进入冲压机
	I1.3	暂停		Q2.1	ROB 撤离冲压机
	I1.4	停止		Q2.2	ROB 撤离清洗机
	I1.5	急停		Q2.3	ROB 允许上料
SM1223	I2.0	冲压机原点		Q2.4	ROB 启动
	I2.1	允许冲压机进入		Q2.5	ROB 程序选择
	I2.2	冲压机备用输入		Q2.6	ROB 通用安全输入
	I2.3	安全光幕 1		Q2.7	ROB 伺服上电
	I2.4	安全光幕 2		Q3.0	ROB 暂停
	I2.5	外部急停		Q3.1	备用 ROB 信号
	I2.6	ROB 原点		Q3.2	三色灯 G
	I2.7	ROB 报警		Q3.3	三色灯 Y
	I3.0	ROB 远程模式		Q3.4	三色灯 R
	I3.1	ROB 到达冲压机		Q3.5	备用冲压机信号
	I3.2	ROB 到达清洗机		Q3.6	备用电磁阀
	I3.3	ROB 上料完成		Q3.7	备用
	I3.4	ROB 备用			
	I3.5	ROB 运行中			
	I3.6	转台处监测工件 1			
	I3.7	转台处监测工件 2			

　　冲压机器人工作站备用输入输出模块电气原理如图 3-35 所示，选用 8 * DI/8 * DQ 的 SM1223 数字量输入输出模块用于备用接口模块，可提供 8 个 DC 24V 数字量输入接口和 8 个 DC 24V 数字量输出接口，用于扩展使用。

　　冲压机器人工作站控制回路 1 的电气原理如图 3-36 所示，主要为凸轮分割器、清洗机

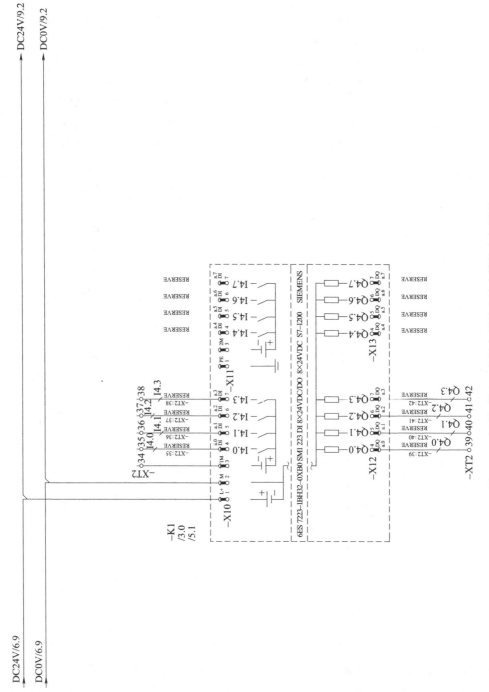

图 3-35　冲压机器人工作站备用输入输出模块电气原理

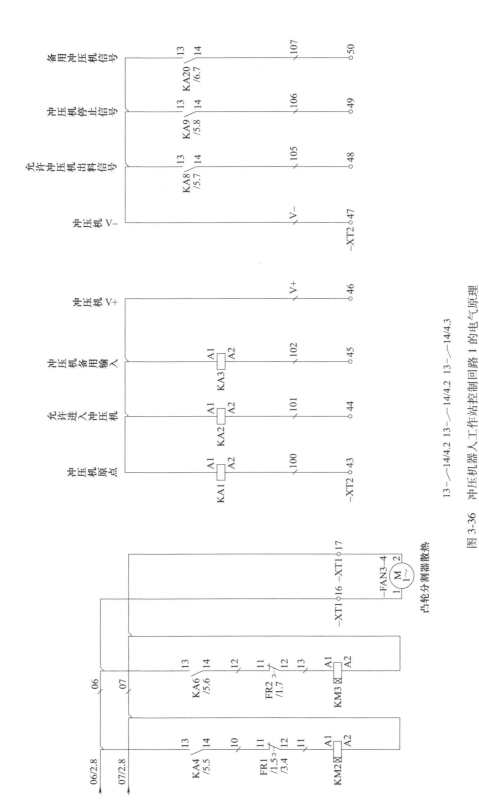

图 3-36 冲压机器人工作站整制回路 1 的电气原理

风机、凸轮分割器风扇和冲压机的控制回路。PLC 输出信号通过交流接触器和热继电器控制凸轮分割器和清洗机风机的运行，凸轮分割器散热风扇通过 XT1 端子排的 16~17 号端子连接至单相交流电。冲压机原点、允许进入冲压机、冲压机备用输入、冲压机电源 V+、冲压机电源 V−、允许冲压机出料信号、冲压机停止信号和备用冲压机信号分别通过 XT2 端子排的 43~50 号端子与 PLC 及其模块相连，实现对冲压机的控制。

　　冲压机器人工作站控制回路 2 的电气原理如图 3-37 所示，主要为直流通电指示及电磁阀控制回路。其中通电指示与 DC 24V 电源正负极连接，PLC 输出信号控制清洗机吹气电磁阀和备用电磁阀。

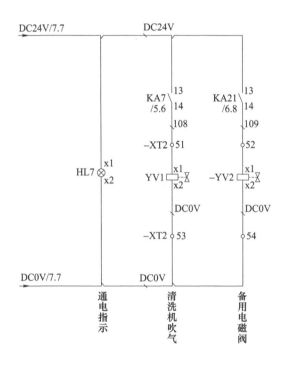

图 3-37　冲压机器人工作站控制回路 2 的电气原理

　　冲压机器人工作站 ROB 端子台连接 1 的电气原理如图 3-38 所示。PLC 输出的 ROB 控制信号包括安全信号 1、安全信号 2、停止、伺服上电、启动和调用程序，ROB 输出至 PLC 的状态信号包括运行中、ROB 错误、远程模式和 ROB 原点等信号，通过 XT2 端子排各端子与 ROB 的端子台连接。

　　冲压机器人工作站 ROB 端子台连接 2 的电气原理如图 3-39 所示。两个隔离开关将夹爪开检测和夹爪关检测与 ROB 端子台连接，PLC 输出 ROB 运行进入压机、ROB 撤离压机、ROB 撤离清洗机、ROB 允许上料等信号，通过中间继电器连接 ROB 端子台相应的 ROB 控制。

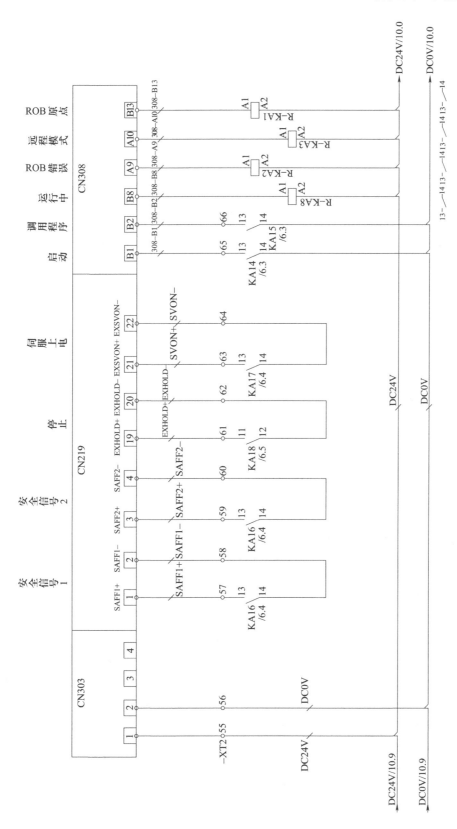

图 3-38 冲压机器人工作站 ROB 端子台连接 1 的电气原理

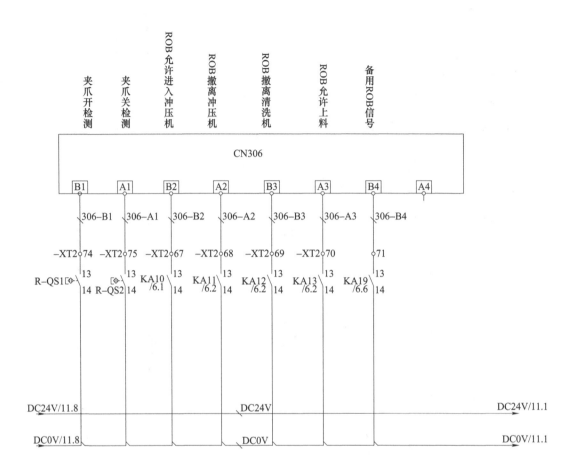

图 3-39　冲压机器人工作站 ROB 端子台连接 2 的电气原理

　　冲压机器人工作站 ROB 端子台连接 3 的电气原理如图 3-40 所示。PLC 输出夹爪开和夹爪关信号，通过中间控制器及电磁阀控制夹爪的开关状态。ROB 到达冲压机、ROB 到达清洗机、ROB 上料完成等信号，由 PLC 直接输出至相应的中间继电器并通过 ROB 对应端子返回给机器人。

　　冲压机器人工作站矩形插座分配的电气原理如图 3-41~图 3-44 所示，标明了 XT1 端子排和 XT2 端子排对应的端子分配及连接的输入输出信号。矩形插头与机架台连接，构成冲压机器人工作站电气控制回路，进行压力机自动下料与机器人自动码垛的生产工艺。

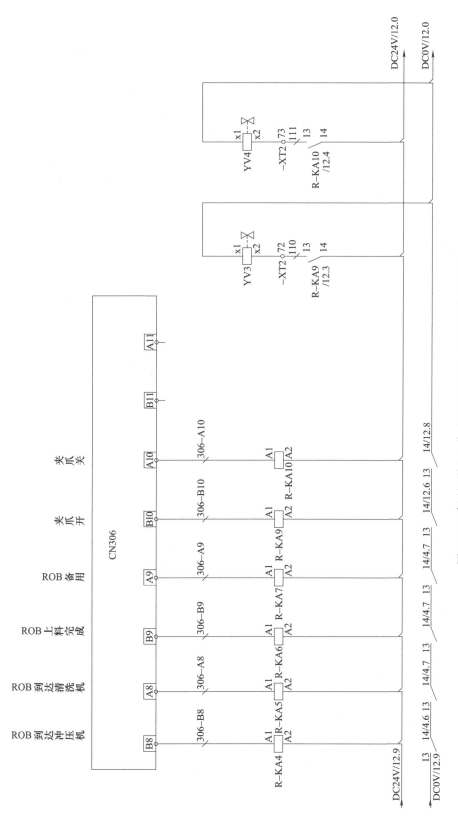

图 3-40 冲压机器人工作站 ROB 端子台连接 3 的电气原理

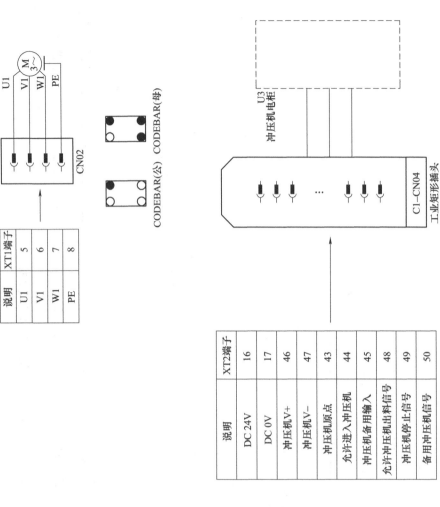

说明	XT1端子
U1	5
V1	6
W1	7
PE	8

说明	XT2端子
DC 24V	16
DC 0V	17
冲压机V+	46
冲压机V-	47
冲压机原点	43
允许进入冲压机	44
冲压机备用输入	45
允许冲压机出料信号	48
冲压机停止信号	49
备用冲压机信号	50

说明	XT1端子
R1	1
S1	2
T1	3
PE	4

说明	XT1端子
U2	9
V2	10
W2	11
PE	12

图 3-41　冲压机器人工作站矩形插座插座分配 1 的电气原理

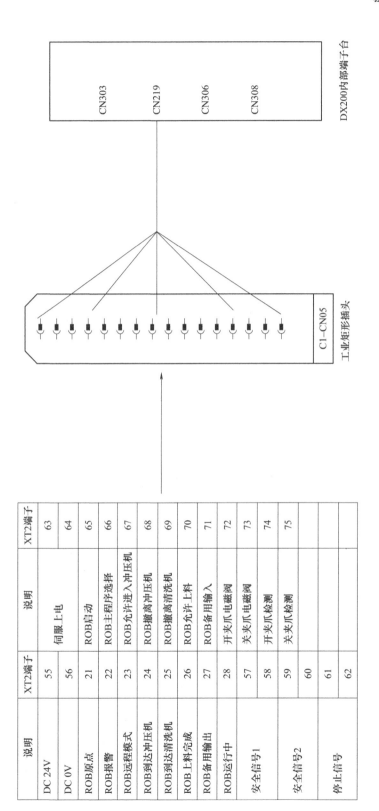

图 3-42 冲压机器人工作站矩形插座分配 2 的电气原理

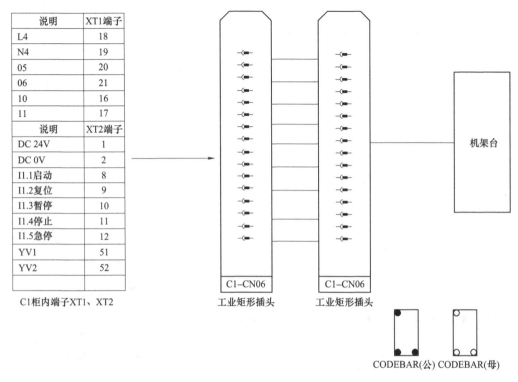

说明	XT1端子
L4	18
N4	19
05	20
06	21
10	16
11	17
说明	XT2端子
DC 24V	1
DC 0V	2
I1.1启动	8
I1.2复位	9
I1.3暂停	10
I1.4停止	11
I1.5急停	12
YV1	51
YV2	52

C1柜内端子XT1、XT2

C1-CN06 工业矩形插头 C1-CN06 工业矩形插头

机架台

CODEBAR(公) CODEBAR(母)

图 3-43 冲压机器人工作站矩形插座分配 3 的电气原理

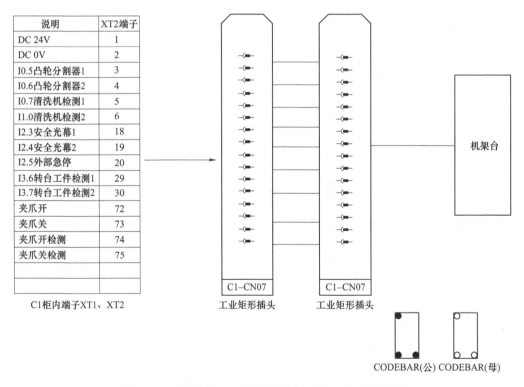

说明	XT2端子
DC 24V	1
DC 0V	2
I0.5凸轮分割器1	3
I0.6凸轮分割器2	4
I0.7清洗机检测1	5
I1.0清洗机检测2	6
I2.3安全光幕1	18
I2.4安全光幕2	19
I2.5外部急停	20
I3.6转台工件检测1	29
I3.7转台工件检测2	30
夹爪开	72
夹爪关	73
夹爪开检测	74
夹爪关检测	75

C1柜内端子XT1、XT2

C1-CN07 工业矩形插头 C1-CN07 工业矩形插头

机架台

CODEBAR(公) CODEBAR(母)

图 3-44 冲压机器人工作站矩形插座分配 4 的电气原理

3.6　总结

本章利用机器人产学研中心校企合作企业研发设计的教学用冲压机器人工作站，基于实践教学与生产实际紧密结合的教学设计理念，根据机器人工程专业实践教学的情况，从结构设计、仿真设计及电气设计三个方面阐述了教学用冲压机器人工作站设计的基本思路及一般过程。

在冲压机器人工作站结构设计方面，主要开展了冲压机器人工作站的工艺流程分析、机器人选型设计、气动装置设计、工装夹具设计、旋转工作台设计、清洗机等附加设备选型设计及工作站整体结构设计等。

在冲压工作站仿真设计方面，阐述了利用 RobotStudio 软件开展机器人工作站仿真设计的一般步骤及实现功能，通过仿真验证冲压工作站设计的合理性。

在冲压机器人工作站电气设计方面，主要开展了冲压机器人工作站的电气控制方案设计、控制器的选型设计、工作站的电气原理设计及 I/O 端口功能设计等。

▶ 第4章

教学用焊接机器人工作站设计

随着智能制造行业的快速发展，焊接机器人工作站（图4-1）在工业产品的成型制造中得到了广泛应用。本章主要从工作站机械结构设计、电气系统设计，以及离线编程和虚拟仿真设计等方面，介绍了教学用焊接机器人工作站的设计。首先，利用 SolidWorks 软件进行焊接机器人工作站及其非标零部件的结构设计；其次，对焊接机器人工作站进行电气设计，完成电气原理图的设计，列出 I/O 地址分配表；最后，利用 RobotStudio 软件对机器人进行离线编程和虚拟仿真，完成焊接机器人工作时的运动动画。本章可为焊接机器人工作站的设计提供一定的理论参考，同时教学与实际相结合的设计思路有利于教学用焊接机器人工作站用于高校机器人相关专业的实践教学，具有一定的实践教学意义。

图 4-1　焊接机器人工作站

4.1　设计意义与设计基础

4.1.1　设计意义

焊接机器人工作站可单独对工件进行焊接，也可以作为生产线的一部分对工件进行焊接。一个单独的焊接机器人受机械臂作业空间的限制，很难完成复杂或大型工件的焊接，末端执行器的可达性会受到奇异位（死点）的影响，导致无法达到或者位姿不正确，焊接效率不高，难以保证焊接质量。为了高质量、高效率地完成焊接，由机器人和变位机组成的焊接工作站或者多机器人组成的焊接工作站应运而生，企业逐渐采用多机器人系统协调完成焊接任务，顺应焊接自动化发展需求。本章面向实际应用开展教学用焊接机器人工作站的研究设计，对于提升高校机器人相关专业实践教学效果，推广焊接机器人工作站实际工程使用具有重要意义。

4.1.2 设计基础

机器人工程专业作为一个新工科专业，实践教学体系还不成熟，用于机器人工程专业实践教学的设施设备还比较欠缺，为搭建符合应用型本科机器人专业的实践教学体系，本章基于机器人产学研中心校企合作企业研发设计的焊接机器人工作站项目，设计一款教学用焊接机器人工作站，主要用于高校机器人工程专业教学科研及企业员工开展工作站结构设计、电气系统设计、组态界面设计及仿真设计的教学培训，以培养高素质应用型人才。通过对机器人工作站的焊接机器人、焊机、PLC、控制柜及变位机等装置进行三维结构设计、PLC 程序设计、组态界面设计及离线编程与虚拟仿真，实现了机器人工作站系统集成。教学用焊接机器人工作站属于机器人系统集成创新项目，源于企业生产实际项目，结合高校机器人工程专业实践教学，融入机器人运动学、机器人工作站结构设计、机器人系统集成技术、机器人仿真技术、PLC 与电气技术及组态技术后，既能满足高校机器人工程专业开展项目化实践教学，又能用于企业开展员工技术培训，同时也可用于科研工作者开展科学研究等工作。

1. 机器人运动学

机器人运动学可以分为正运动学和逆运动学两个方面，正运动学是根据机器人各个关节的参数求解末端位姿；逆运动学相反，即通过末端位姿求解各个关节的参数。一个具有多关节的机器人系统是非常复杂的非线性系统。在运动学分析中，运用几何法、解析法及数值法等推导运动学方程和计算各个关节参数非常烦琐。Duffy 运用解析法通过机器人本体结构的建模推导出其运动学方程，定义了几种常见的机器人运动学本体结构，同时根据解析法计算出了所有的逆解。刘达通过运动迭代运算的思路，将数值法和解析法结合，求解效率较高。王雪松以解析法为基础，通过矩阵逆变换，求出了安川机器人各关节的角度。本章首先阐述分析机器人运动学基础，其次分析焊接机器人和变位机的正运动学和逆运动学，运用逆解筛选原则解决焊接机器人逆解多解问题，运用特殊工件固定约束条件下的变位机逆解求法使在作业过程中的焊接工件处于良好的工作位姿。

2. 机器人路径规划

机器人路径规划具有高度的非线性、复杂性，机器人路径规划的准确性对提高机器人的运动效率及精度具有重要作用。目前，国内外众多学者对机器人路径规划进行了深入研究，并取得了很多研究成果。Angeles J 等人在机器人的关节空间中采用分段多项式函数方法进行轨迹规划（分段多项式函数的各项系数计算比较复杂）。赵冶等人采用五次 Heimite 插值算法对实际运动过程中的曲线轨迹进行插补规划（该算法可以消除误差并实现曲线曲率的连续性）。本章针对焊接机器人运动中的路径规划问题进行研究，主要包括焊接机器人在大地坐标系的空间路径规划问题和工件坐标系的空间路径规划问题，首先分析研究了圆弧、直

线插补等大地坐标系的空间路径规划，然后分析了焊接机器人工作空间中的路径规划，并在
RobotStudio 仿真软件中验证路径规划的正确性，对焊枪的工作位姿进行优化设计。

3. 机器人工作站协同运动控制

根据机器人的广义定义，变位机可以看作一个少自由度的机器人。杨明亮研究了机器人
系统的运动路径轨迹控制，采取主从方式对机器人系统的行走轨迹进行规划，根据焊接机器
人特点，结合焊接工艺等特殊要求，提出了该系统的性能指标，同时根据具体的优化目标设
计了对应的适应度函数，采用遗传算法，找到焊接系统最优的焊接路径，通过仿真和实际实
验验证了其有效性。刘永等人针对 6 自由度机器人、龙门架及 2 自由度变位机组成的机器人
工作站的协同路径问题进行研究，根据系统实际情况提出了系统指标函数，通过遗传算法得
出了理想方案。宋月娥等人对系统协调焊接过程进行规划，将工作站中变位机的关节角最小
变化选为目标函数。陈志翔等人将机器人和变位机作为一个整体，针对焊接工艺提出了多个
指标函数，采取模拟退火算法，求出了最优焊接路径。本章借鉴了双机器人之间的协同控制
开展焊接机器人工作站的运动控制分析。

4.2 焊接机器人工作站概述与总体方案

4.2.1 焊接机器人工作站概述

焊接机器人工作站机械硬件结构主要由 ABB 焊接机器人、焊机、送丝机构、控制柜、
变位机、底座和下机架等部分构成，焊接机器人工作站布局如图 4-2 所示。焊接机器人工作

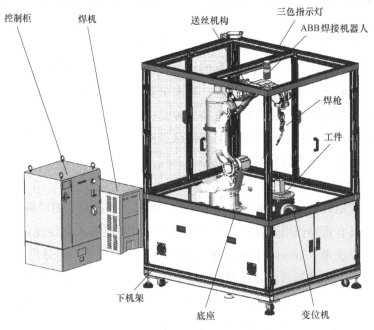

图 4-2　焊接机器人工作站布局

站的软件部分主要包括机器人作业程序及整个控制系统的 PLC 控制程序。焊接机器人工作站软件主要承担与工作环境元素的数据交流与控制，焊接设备自动化作业、变位机焊装夹具自动化协调控制及安全防护等工作。在焊接机器人工作站 PLC 编程中，采用模块化、面向对象的编程方法编制工件焊接、焊丝进给及变位机旋转控制程序。

安装与调试焊接机器人工作站是工作站建设中的重要工作。安装主要组合连接工作站各工作部分，调试主要校核、测试机器人工作程序和系统控制程序。

4.2.2 焊接机器人工作站总体布局

本设计中的焊接机器人工作站主要焊接 300mm×300mm×300mm 尺寸以内的小型矩形、圆柱形工件，焊接机器人工作原理如图 4-3 所示。

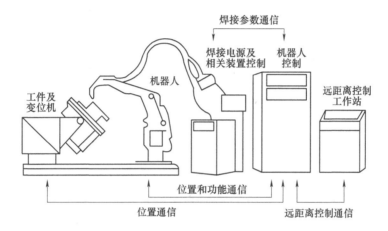

图 4-3 焊接机器人工作原理

焊接机器人系统一般由机器人、焊接电源、送丝机构、控制柜、操作台、水气单元系统、上料台、变位机以及安全保障设备等组成，主要组成部分设计如下：

1）机器人。本设计选用市场应用广泛，型号为 IRB 1660ID-6 的 ABB 弧焊机器人作为焊接机械手，搭建企业真实的工作环境。机器人配置带示教器型号为 IRC5 的控制器。

2）焊接电源。国产焊接电源有麦格米特、奥太、东升等；日系有松下、OTC 等；欧美系有福尼斯、肯比及林肯等。本设计根据焊接件的实际需求，选用国产麦格米特焊接电源，可根据加工工件的不同设定焊接电流。

3）送丝机构。启动焊接机器人工作站后，第一个工作是穿丝，利用电气控制系统控制气缸动作，使右夹具和梳理辊处于松开状态，同时控制伺服电动机运动，使右夹具移动到焊接起始工位，操作人员将金属丝穿入左、右夹具构成丝网。

4）控制柜。控制柜内有西门子的 S7-1200 系列 PLC、ET200S 分布式 I/O，是整个控制系统的指挥中心，当机器人处于外部控制时，由 PLC 发布指令。

5）操作台。带有触摸屏（西门子 TP270-10）的操作台，主要用于检测系统状态，为系统发送外部指令。

6）水气单元系统。水气单元系统内装有电气比例阀、流量计、手动排水阀等，主要用来检测工作站水、气情况。

7）上料台、变位机。根据焊接工件设计非标工装台或单轴翻转变位机及双轴变位机。

8）安全保障设备。工作站的安全保障设备主要包括安全光栅、弧光防护设备及安全门。

4.2.3 焊接机器人工作站工艺流程

本设计的教学用焊接机器人工作站的工艺流程如图 4-4 所示。

具体工艺流程：完成焊接机器人穿丝后，操作人员夹紧左夹具，在触摸屏上确认选择的产品类型，PLC 执行相应产品对应的程序。工作台上夹具气缸杆伸出压紧工件，到位后磁性传感器发出信号。PLC 接收到磁性传感器信号后，向机器人发出"夹具定位完成"和"第一焊接工位"信号，机器人移至第一焊接工位开始焊接工作，并向 PLC 发送"焊接中"状态信号。焊接机器人第一焊接工位完成后，向焊接机器人 PLC 发送"焊接完成"状态信号，PLC 收到信号后，电气控制系统控制收回气缸顶杆，松开工件。如此往复，直到所有焊接工序完成，单击触摸屏上的"完成"按钮，PLC 收到"完成"信号后，控制伺服电动机运动至焊接起始位置，处于预备工作状态。

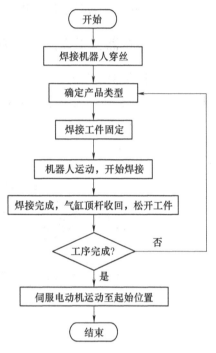

图 4-4 教学用焊接机器人
工作站的工艺流程

4.2.4 焊接机器人选型

本章设计的焊接机器人工作站主要用于高校机器人工程专业的实践教学，以原理讲解与实践操作为主，主要选用结构简单、易学易操作的工件，机械结构设计需要满足以下条件：合理设计机器人的安装位置，焊接范围能够覆盖工件整体，预留适当冗余。避免焊接机器人长期工作在极限位置，以免精密零部件快速磨损、寿命衰减。焊接运动过程应符合机器人运动学原理，满足最佳焊接角度和最佳焊接位置，实现最佳焊接效果。合理固定焊接工件，减小焊接厚板形变和部件晃动，以免影响焊接质量。

弧焊机器人主要包括机器人本体、机器人控制柜（含示教器）、送丝机构、焊枪及焊机五部分。弧焊机器人选型，首先应根据焊接产品形状及尺寸选择机器人工作范围，保证将产品上所有的坡口一次焊到；其次根据生产率和成本，选择合适的机器人轴数、速度以及负载能力。根据教学用焊接机器人工作站的设计需求，选用 ABB 公司的 IRB1660ID-6 弧焊机器人，该机器人工作负载为6kg、工作半径为1550mm、高度为 1392mm、质量为 247kg、重复定位精度为 0.02mm，为焊接专用机器人（图 4-5）。

IRB1660ID-6 弧焊机器人腕部紧凑，电动机功能强大，可实现快速、可靠的运动，允许始终保持最大加速度和速度。IRB1660ID-6 弧焊机器人刚性强，上臂可举起 6kg 的工件。机器人工程师使用 ABB 机器人仿真设计软件，使机器人在自动焊接高精度工件的过程中产生很小的变形量。IRB1660ID-6 弧焊机器人小巧中空的腕部设计，减少了发生危险碰撞的空间，实现了快速、可靠的移动，其工作范围和安装孔位置如图 4-6 所示。

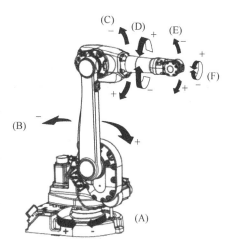

图 4-5　IRB1660ID-6 弧焊机器人

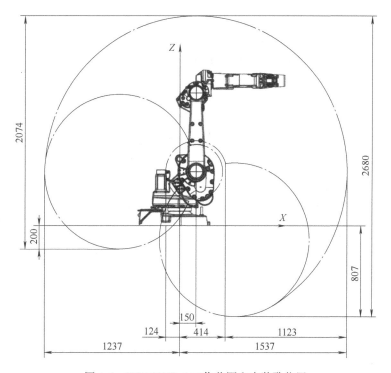

图 4-6　IRB1660ID-6 工作范围和安装孔位置

4.2.5　运动学分析

1. 机器人正运动学分析

机器人正运动学主要是通过各个关节的角度变量来确定末端位置姿态，机器人的正运动学是机器人运动路径规划和工作站协同控制的基础。本设计选用的 IRB1660ID-6 弧焊机器人有 6 个自由度，作业空间大、灵活性较好。ABB 公司 IRB1660ID-6 弧焊机器人的 D-H 参数见表 4-1。

表 4-1 ABB 公司 IRB1660ID-6 弧焊机器人的 D-H 参数

连杆序号	a_{i+1}/mm	$\alpha_{i+1}(°)$	d_i/mm	$\theta_i/(°)$	关节范围(°)
A	0	0	90	0	−180~180
B	−90	286	90	0	−100~110
C	0	700	0	0	−65~60
D	−90	135	0	905	−200~200
E	90	0	0	0	−120~120
F	−90	0	0	0	−230~200

为了简化机器人正运动学公式，用 c_i 表示 $\cos\theta_i$，s_i 表示 $\sin\theta_i$，其中 $i = 1，2，\cdots，6$。将机器人 D-H 参数带入可以得到六个齐次变换矩阵，见式（4-1）~式（4-3）。

$$
{}^0_1T = \begin{bmatrix} c_1 & 0 & -s_1 & a_1c_1 \\ s_1 & 0 & c_1 & a_1s_1 \\ 0 & -1 & 0 & 0 \\ 0 & 0 & 0 & 1 \end{bmatrix}, {}^1_2T = \begin{bmatrix} c_2 & s_2 & 0 & a_2c_2 \\ s_2 & -c_2 & 0 & a_2s_2 \\ 0 & 0 & -1 & 0 \\ 0 & 0 & 0 & 1 \end{bmatrix} \tag{4-1}
$$

$$
{}^2_3T = \begin{bmatrix} c_3 & 0 & -s_3 & a_3c_3 \\ s_3 & 0 & c_3 & a_3c_3 \\ 0 & -1 & 0 & 0 \\ 0 & 0 & 0 & 1 \end{bmatrix}, {}^3_4T = \begin{bmatrix} c_4 & 0 & s_4 & 0 \\ s_4 & 0 & -c_4 & 0 \\ 0 & 1 & 0 & -d_4 \\ 0 & 0 & 0 & 1 \end{bmatrix} \tag{4-2}
$$

$$
{}^4_5T = \begin{bmatrix} c_5 & 0 & -s_5 & 0 \\ s_5 & 0 & c_5 & 0 \\ 0 & -1 & 0 & 0 \\ 0 & 0 & 0 & 1 \end{bmatrix}, \quad {}^5_6T = \begin{bmatrix} c_6 & s_6 & 0 & 0 \\ s_6 & -c_6 & 0 & 0 \\ 0 & 0 & 0 & -d_6 \\ 0 & 0 & 0 & 1 \end{bmatrix} \tag{4-3}
$$

六个齐次变换矩阵相乘得到的机器人末端执行器相对于基座的总变换矩阵为

$$
{}^0_6T = {}^0_1T\,{}^1_2T\,{}^2_3T\,{}^3_4T\,{}^4_5T\,{}^5_6T = \begin{bmatrix} n_x & o_x & a_x & p_x \\ n_y & o_y & a_y & p_y \\ n_z & o_z & a_z & p_z \\ 0 & 0 & 0 & 1 \end{bmatrix} \tag{4-4}
$$

等式可计算得

$$\begin{cases} n_x = c_1 \big[c_{23}(c_4 c_5 c_6 - s_4 s_6) - s_{23} s_5 s_6 \big] + s_1(s_4 c_5 c_6 + c_4 s_6) \\ n_y = s_1 \big[c_{23}(c_4 c_5 c_6 - s_4 s_6) - s_{23} s_5 s_6 \big] + c_1(s_4 c_5 c_6 + c_4 s_6) \\ \qquad n_s = s_{23}(s_4 s_6 - c_4 c_5 c_6) - c_{23} s_5 c_6 \\ o_x = c_1 \big[s_{23} s_5 s_6 - c_{23}(c_4 c_5 s_6 + s_4 c_6) \big] + s_1(c_4 s_6 - s_4 c_5 s_6) \\ o_y = s_1 \big[s_{23} s_5 s_6 - c_{23}(c_4 c_5 s_6 + s_4 c_6) \big] - c_1(c_4 s_6 - s_4 c_5 s_6) \\ \qquad o_s = s_{23}(s_4 s_6 + c_4 c_5 s_6) + c_{23} s_5 s_6 \\ \qquad a_x = - c_1(c_{23} c_4 s_5 + s_{23} c_5) - s_1 s_4 s_5 \\ \qquad a_y = - s_1(c_{23} c_4 s_5 + s_{23} c_5) + c_1 s_4 s_5 \\ \qquad a_s = s_{23} c_4 s_5 - c_{23} c_5 \\ \qquad p_x = c_1(a_1 + a_2 c_2 - s_{23} d_4) \\ \qquad p_y = - s_1(a_1 + a_2 c_2 - s_{23} d_4) \\ \qquad p_s = - a_2 s_2 - a_3 s_{23} - c_{23} d_4 \end{cases} \tag{4-5}$$

式（4-5）解出了机器人从坐标系 $\{6\}$ 到基坐标系 $\{0\}$ 的变换矩阵 ${}^{0}_{6}\boldsymbol{T}$。

2. 变位机正运动学分析

为了提高机器人运动的可达性，扩大工作范围，规避可能遇到的奇异位形，增强机器人的灵活性，同时提高维持良好焊缝位姿的能力，本设计的焊接机器人工作站引入变位机作为辅助设备。本设计选用 2 自由度旋倾变位机，采用 D-H 法进行变位机的运动学分析，用 a_i、α_i、d_i 及 θ_i 来表示变位机连杆。变位倾斜轴命名为 7 轴，其倾斜角为 θ_7，其坐标系为 $\{o_7\}$；旋转轴为 8 轴，旋转角为 θ_8，其坐标系为 $\{o_8\}$

${}^{i-1}_{i}\boldsymbol{T}$ 是坐标系 $\{i-1\}$ 到坐标系 $\{i\}$ 的变换矩阵，可由平移及旋转变换得到相邻两连杆之间变换矩阵的关系，见式（4-6）。

$$\begin{aligned} {}^{i-1}_{i}\boldsymbol{T} &= R(z,\theta_i) Trans(0,0,d_i) Trans(a_i,0,0) R(x,\alpha_i) \\ &= \begin{bmatrix} c\theta_i & -s\theta_i & 0 & a_{i-1} \\ s\theta_i c\alpha_{i-1} & c\theta_i c\alpha_{i-1} & -s\alpha_{i-1} & -s\alpha_{i-1} d_i \\ s\theta_i s\alpha_{i-1} & c\theta_i s\alpha_{i-1} & c\alpha_{i-1} & c\alpha_{i-1} d_i \\ 0 & 0 & 0 & 1 \end{bmatrix} \end{aligned} \tag{4-6}$$

将变位机的基坐标系命名为 $\{PB\}$，由式（4-6）可得到

$$ {}^{PB}_{7}\boldsymbol{T} = \begin{bmatrix} c\theta_7 & -s\theta_7 & 0 & \alpha_6 \\ s\theta_7 c\alpha_6 & c\theta_7 c\alpha_6 & -s\alpha_6 & -s\alpha_6 d_7 \\ s\theta_7 s\alpha_6 & c\theta_7 s\alpha_6 & c\alpha_6 & c\alpha_6 d_7 \\ 0 & 0 & 0 & 1 \end{bmatrix} = \begin{bmatrix} c\theta_7 & -s\theta_7 & 0 & 0 \\ s\theta_7 & c\theta_7 & 0 & 0 \\ 0 & 0 & 1 & 0 \\ 0 & 0 & 0 & 1 \end{bmatrix} \tag{4-7}$$

$$
{}_8^7 T = \begin{bmatrix} c\theta_2 & -s\theta_2 & 0 & \alpha_1 \\ s\theta_8 c\alpha_7 & c\theta_8 c\alpha_7 & -s\alpha_7 & -s\alpha_7 d_8 \\ s\theta_8 s\alpha_7 & c\theta_8 s\alpha_7 & c\alpha_7 & c\alpha_7 d_8 \\ 0 & 0 & 0 & 1 \end{bmatrix} = \begin{bmatrix} c\theta_8 & -s\theta_8 & 0 & 0 \\ 0 & 0 & 1 & d_8 \\ -s\theta_8 & -c\theta_8 & 0 & 0 \\ 0 & 0 & 0 & 1 \end{bmatrix} \tag{4-8}
$$

则变位机变换方程为

$$
{}_8^{PB} T = {}_7^{PB} T {}_8^7 T \tag{4-9}
$$

$$
{}_8^{PB} T = \begin{bmatrix} n_x & o_x & a_x & p_x \\ n_y & o_y & a_y & p_y \\ n_z & o_z & a_z & p_z \\ 0 & 0 & 0 & 1 \end{bmatrix} = \begin{bmatrix} c\theta_7 c\theta_8 & -c\theta_7 s\theta_8 & -s\theta_7 & -s\theta_7 d_8 \\ s\theta_7 c\theta_8 & -s\theta_7 s\theta_8 & c\theta_7 & c\theta_7 d_8 \\ -s\theta_8 & -c\theta_8 & 0 & 0 \\ 0 & 0 & 0 & 1 \end{bmatrix} \tag{4-10}
$$

4.3 焊接机器人工作站结构设计

4.3.1 定位夹具结构设计

定位夹具装夹定位工件效率的高低直接影响焊接工件的生产率，传统焊接工艺采用平口钳单件装夹工件的加工方式，存在装夹工件效率低、装夹精度低等问题。采用气动或液动驱动夹紧方式可提高装夹工件的效率，液动夹紧力大，适用于重型切削，但存在漏油、污染环境的风险；气动投入小，取材容易，环境污染风险小。基于焊接机器人工作站夹紧力需求及对环境影响的综合考虑，本设计的教学用焊接机器人工作站夹具采用气动驱动夹紧方式。待焊接的工件依靠夹具的底面和两侧面进行定位，装夹定位方式比较简单，夹具结构设计如图4-7所示。

由于夹具从侧面定位夹紧工件，为避免工件在焊接时发生移动，摩擦力要足以抵抗焊接冲击力，此处取 $\mu = 0.1$，即 $F_夹 = \mu N$，其中 N 为夹紧正压力。

取安全系数 $s = 2$，为满足工作站夹具夹紧装置结构尽可能小的设计要求，本设计中选择双轴双杠小型 TN10×50 气缸，如图4-8所示。

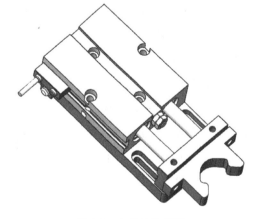

图4-7 夹具结构设计

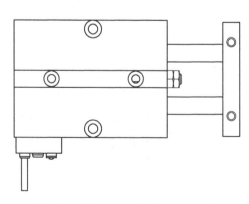

图4-8 双轴双杠小型 TN10×50 气缸

TN10×50 气缸参数见表 4-2。

表 4-2　TN10×50 气缸参数

性 能 指 标	参　　数
缸径/mm	10
行程/mm	50
进气孔螺纹/mm	M3×0.5
活塞杆外径/mm	6
受压面积/mm²	157.1/100.5
压力（气压为 0.6MPa/N）时	94.2/60.3

本设计中缸体受压面积为 157.1mm²，按气压为 0.6MPa 计算，其压侧出力 $F_1 = 94.26$N，拉侧受压面积为 100.5mm²，拉侧出力 $F_2 = 60.3$N。

4.3.2　变位机和底座结构设计

变位机翻转调整待焊件，使待焊件的焊缝处于合适的焊接位置，变位机的结构设计影响焊缝位置精度及焊接质量。变位机的主要参数见表 4-3。

表 4-3　变位机的主要参数

性 能 指 标	参　　数
负载能力/kg	≤10
工作台直径/mm	180
通孔直径/mm	100
工作台高度/mm	240
翻转角度/(°)	0~90
翻转方式	手动
旋转速度/(r/min)	2~20
旋转电动机功率/W	20
外形尺寸/(长/mm)×(宽/mm)×(高/mm)	370×270×240
自重/kg	11
适配夹具	Kp-65/80

变位机主要由机架、翻转传动机构、翻转工装承载平台、控制系统及电动机等组成，变

位机的主要结构如图 4-9 所示。变位机上设有机械零点，采用带有绝对值编码器的伺服电动机，保证上电后不需要重新进行回零操作。变位机与弧焊机器人之间有非同步协调和同步协调两种运动配合方式。非同步协调是指机器人在进行焊接工艺时，变位机停止不动，机器人完成焊接后，变位机根据运动指令翻转一定角度，调整下一条焊缝至合适位置，进行焊接。同步协调不仅具有非同步协调的功能，而且在机器人焊接时，变位机能够根据相应的运动指令，驱动焊件不停地旋转，并与机器人焊枪共同运动，合成焊缝轨迹，从而使复杂工件的空间曲线焊缝一直处于水平或垂直位置，便于焊接。对于焊件上的空间直线焊缝和平面曲线焊缝，通过变位机与机器人的非同步协调运动完成焊接。但是，对于复杂形状工件上的空间曲线焊缝的焊接就需要通过变位机与机器人同步协调运动来完成。对于装填支架的焊接，变位机带动工件翻转，焊缝接近水平位置时，变位机停止不动，然后由弧焊机器人焊接；对于其他复杂曲线结构件的焊接，需要通过机器人与变位机之间的同步协调运动来完成。

为了焊接复杂曲线结构件，可以采用机器人外部轴控制变位机的翻转。伺服电动机上的绝对值编码器可准确定位控制变位机翻转角度。当伺服电动机掉电时，绝对值编码器可记住变位机翻转的角度。采用具有制动功能的交流伺服电动机，在电动机掉电时，可以实现机构自锁。机架上设置了声、光警示灯，工件翻转时警示灯闪烁并鸣响。

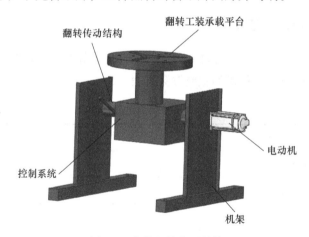

图 4-9　变位机的主要结构

4.4　焊接机器人工作站仿真设计

4.4.1　设备布局与系统创建

焊接机器人工作站的系统集成和虚拟仿真，需先在仿真软件中进行焊接机器人工作站的设备布局。将各工作站设备模型导入 ABB 公司的仿真软件 RobotStudio 6.05 中，根据平面草图完成设备布局，创建机器人控制系统。

如图 4-10 所示，从 ABB 模型库中依次导入机器人底座、IRB1660ID-6 机器人、焊枪、变位机、控制柜、焊机、二氧化碳储气罐、定位夹具、焊接工件、操作员等模型，并选择合适位置完成设备布局。

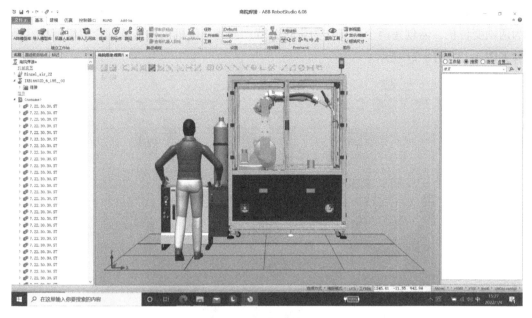

图 4-10　导入模型

创建机器人工作站控制系统，如图 4-11 所示。单击"机器人系统"，选择"从布局创建"，单击"下一步"，输入系统名称，完成控制系统的创建。

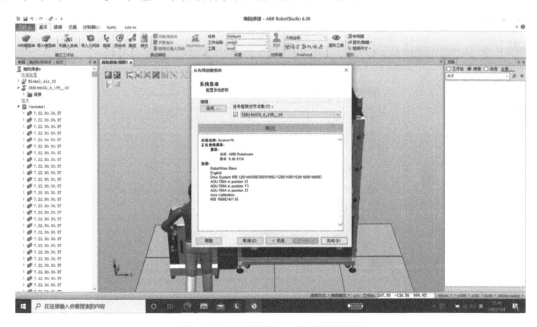

图 4-11　创建机器人工作站控制系统

4.4.2　变位机机械装置创建

布局中的变位机三维模型为导入模型，需要先更改变位机名称，如图 4-12 所示。变位机为两轴变位机，需创建两个接点作为旋转关节，创建变位机机械装置和变位机链接，操作步骤如图 4-13~图 4-21 所示。

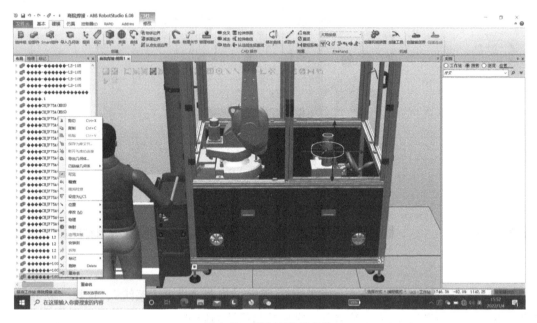

图 4-12　更改变位机名称

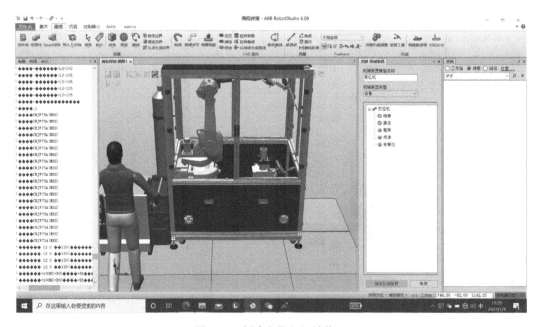

图 4-13　创建变位机机械装置

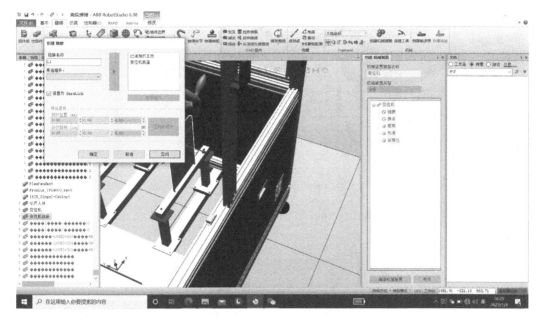

图 4-14　创建变位机链接

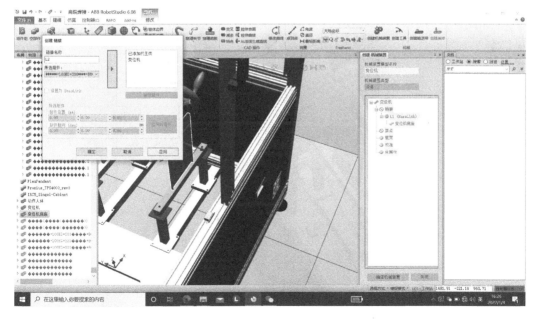

图 4-15　将变位机添加到 L2

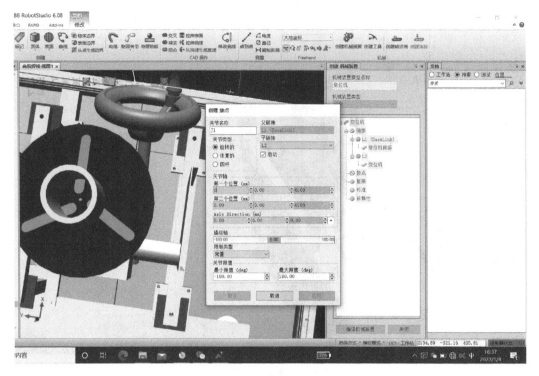

图 4-16　创建接点

图 4-17　设置旋转型关节轴

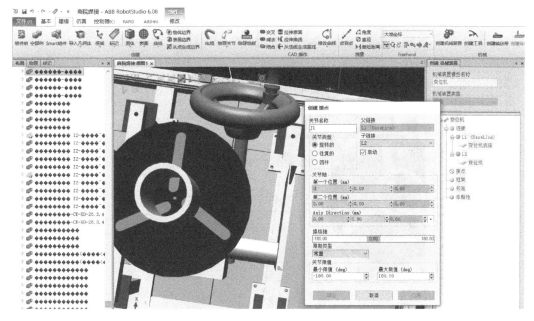

图 4-18　设置关节限值

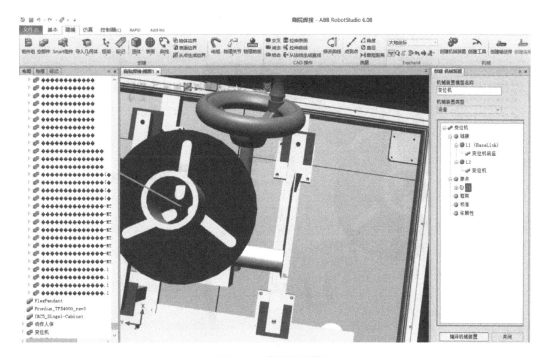

图 4-19　编译机械装置

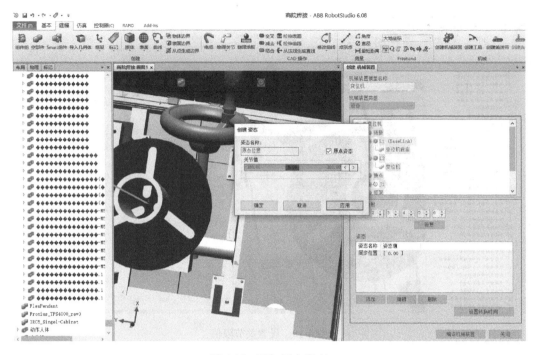

图 4-20　添加原点姿态

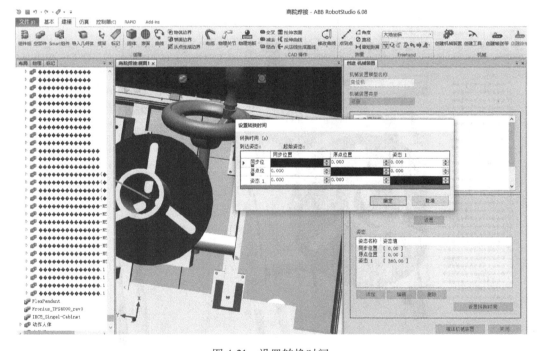

图 4-21　设置转换时间

4.4.3 事件管理器

在事件管理器中为变位机添加事件，使创建的机械装置能够通过控制器运动。创建变位机第一个姿态：首先，利用"仿真"选项卡创建信号，将信号名称自定义为"do1"；其次，创建新事件，事件触发器类型为"I/O 信号已更改"，选择触发条件为 False，操作类型为"将机械装置移至姿态"。操作步骤如图 4-22~图 4-26 所示。

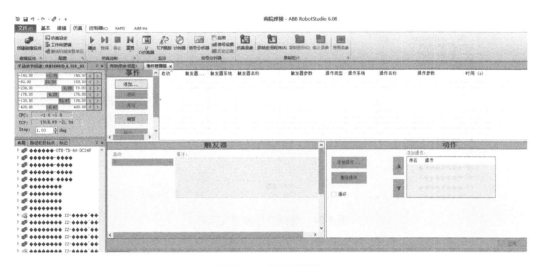

图 4-22 创建新事件

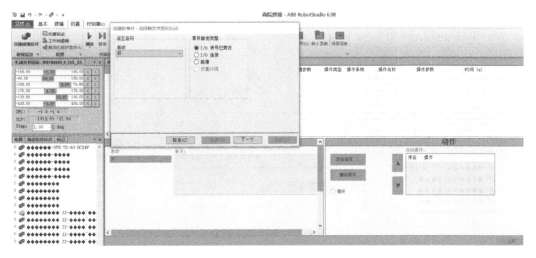

图 4-23 选择事件触发类型

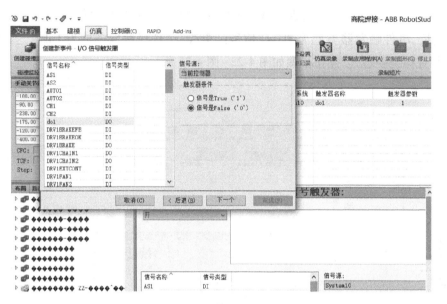

图 4-24　选择信号和触发条件

图 4-25　选择操作类型

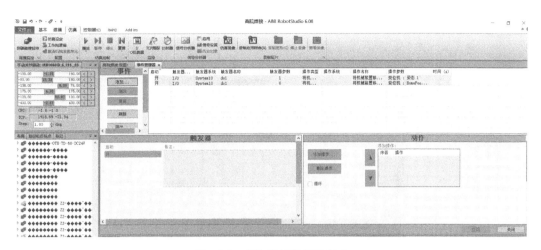

图 4-26　事件管理器创建完成

4.4.4　创建轨迹路径

创建焊接点为离线示教点，选择工具坐标系，示教器和点动机器人协同配合，选择合理的焊接点，调整机器人焊枪的位置姿态，同步各个目标点方向的操作步骤如图 4-27～图 4-30所示。

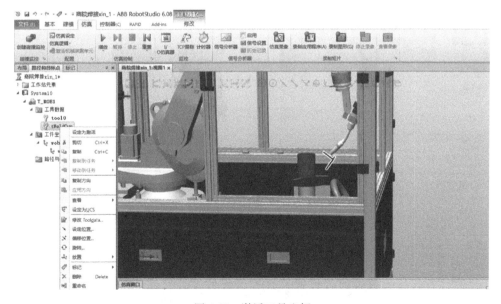

图 4-27　激活工具坐标

选择各目标点，自动生成轨迹路径。图 4-31 为沿路径运动检查运动轨迹。焊接光滑曲面可以采用以上自动生成路径的步骤来产生目标点和轨迹路径。

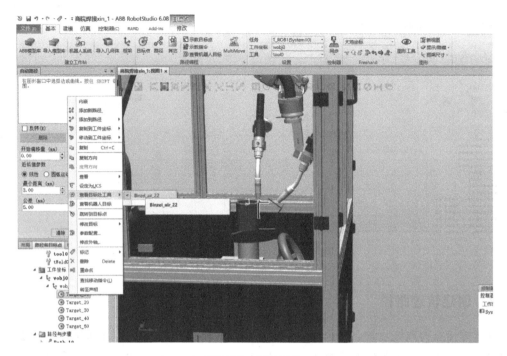

图 4-28　查看工具

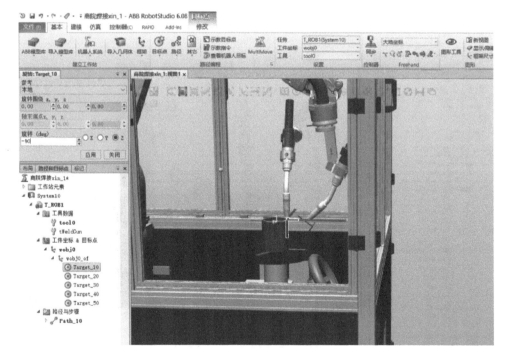

图 4-29　旋转工具位置姿态

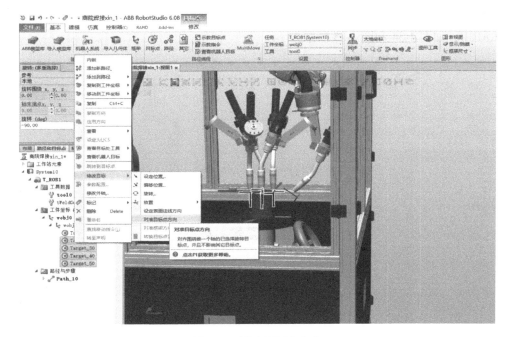

图 4-30　同步目标点方向

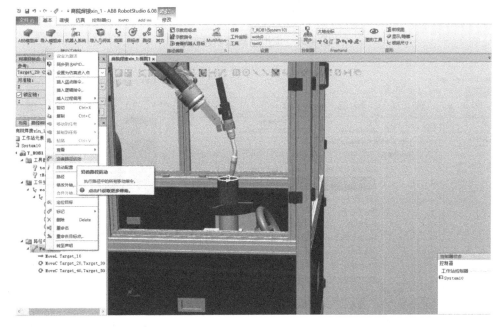

图 4-31　沿路径运动检查运动轨迹

4.4.5　离线编程示教

创建离线编程程序，打开虚拟示教器，选择手动操作模式，选择中文语言后重启示教器，新建程序模块和程序，如图 4-32 所示。编写示教程序，如图 4-33 所示。将离线程序同步到 RAPID，如图 4-34 和图 4-35 所示。

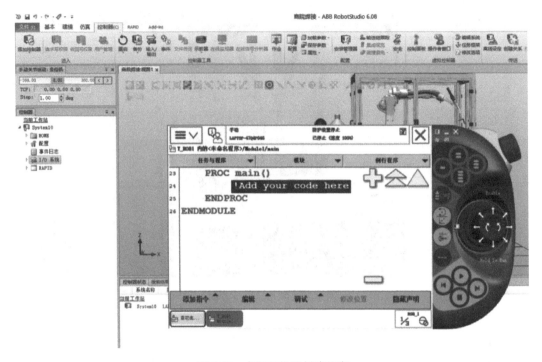

图 4-32　虚拟示教器创建程序

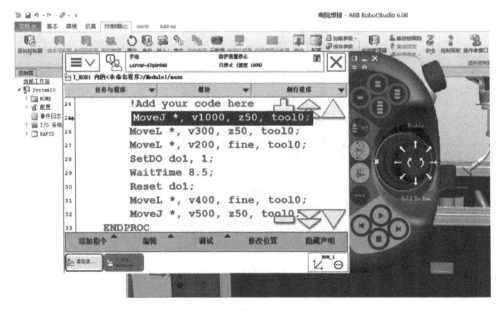

图 4-33　编写示教程序

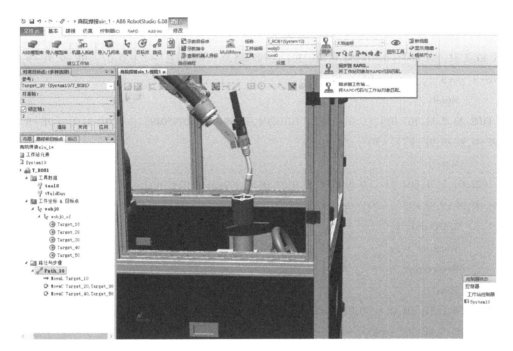

图 4-34　工作站同步（一）

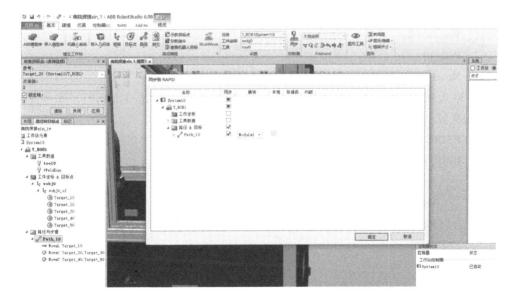

图 4-35　工作站同步（二）

4.4.6　参考程序

焊接机器人工作站参考程序如下：

PROC main( )

! Add your code here

MoveJ

[[1045.30,2.31,994.80],[0.014554,0.0103204,0.999405,0.0295049],[-1,0,0,0],[9E+9,9E+9,9E+9,9E+9,9E+9,9E+9]], v1000, z50, tool0;

　　MoveL

　　[[1102.33,2.31,701.01],[0.0145542,0.0103204,0.999405,0.0295049],[-1,0,-1,0],[9E+9,9E+9,9E+9,9E+9,9E+9,9E+9]], v300, z50, tool0;

　　MoveL

　　[[1022.02,2.31,604.73],[0.0145542,0.0103204,0.999405,0.0295049],[-1,0,-1,0],[9E+9,9E+9,9E+9,9E+9,9E+9,9E+9]], v200, fine, tool0;

　　SetDO do1, 1;

　　WaitTime 8.5;

　　Reset do1;

　　MoveL

　　[[1102.33,2.31,701.01],[0.0145542,0.0103204,0.999405,0.0295049],[-1,0,-1,0],[9E+9,9E+9,9E+9,9E+9,9E+9,9E+9]], v400, fine, tool0;

　　MoveJ

　　[[1102.33,2.31,701.01],[0.0145542,0.0103204,0.999405,0.0295049],[-1,0,-1,0],[9E+9,9E+9,9E+9,9E+9,9E+9,9E+9]], v500, z50, tool0;

　　WaitTime 2;

　　Path_10;

　　MoveJ

　　[[1045.30,2.31,994.80],[0.014554,0.0103204,0.999405,0.0295049],[-1,0,0,0],[9E+9,9E+9,9E+9,9E+9,9E+9,9E+9]], v1000, z50, tool0;

　　ENDPROC

　　PROC Path_10( )

　　　　MoveL Target_10, v100, fine, tWeldGun\WObj:=wobj0;

　　　　MoveC Target_20, Target_30, v150, z10, tWeldGun\WObj:=wobj0;

　　　　MoveC Target_40, Target_50, v150, z10, tWeldGun\WObj:=wobj0;

　　ENDPROC

4.5　焊接机器人工作站电气设计

4.5.1　电气元器件选型

　　根据本设计的教学用焊接机器人工作站的控制要求，选用具有 14 个数字量输入（DI）接口、10 个数字量输出（DQ）接口和 2 个模拟量输入（AI）接口的 CPU 1214C DC/DC/DC 型 PLC；配备具有 16 个 DC 24V 数字量输入（DI）接口和 16 个 DC 24V 数字量输出（DQ）接口的 SM1223 数字量输入/直流输出模块。配备信号模块后，PLC 控制模块共有 30 个 DI 接口和 26 个 DQ 接口，满足本设计的控制接口需求，其控制元器件类型清单见表 4-4。

表 4-4　控制元器件类型清单

序号	名称	型号	品牌	数量
1	电控箱	AE 1055. 500	Rittal	1
2	照明灯	SZ 2500. 100	Rittal	2
3	散热风扇	SK 3237. 100	Rittal	2
4	负荷开关	VCF1C	施耐德	1
5	微型断路器	IC65N D25/3P	施耐德	2
6	微型断路器	IC65N C10/2P	施耐德	2
7	开关电源	ABL2REM24065H	施耐德	1
8	导轨插座	EA9XN310	施耐德	1
9	二位短柄旋钮	XB2-BD21C	施耐德	1
10	自复位按钮（红）	XB2BA42C	施耐德	1
11	自复位按钮（绿）	XB2BA31C	施耐德	1
12	自复位按钮（黄）	XB2BA51C	施耐德	1
13	急停开关	XB2BS544C	施耐德	1
14	中间继电器	RXM2LB2BD	施耐德	4
15	三色灯	XVGB3S L	施耐德	1
16	行程开关	WLCA2	欧姆龙	1
17	凹槽型光电开关	EE-SX671	欧姆龙	1
18	伺服驱动器	6SL3210-5FE11-5UA0	西门子	1
19	伺服电动机	1FL6052-2AF21-2LA1	西门子	1
20	PLC	6ES7 214-1AG40-0XB0	西门子	1
21	触摸屏	6AV2 123-2GB03-0AX0	西门子	1
22	交换机	6GK5008-0BA10-1AB2	西门子	1
23	数字式压力开关	ISE40A-01-R	SMC	1

4.5.2　焊接机器人工作站电气原理设计

焊接机器人工作站的主电路电气原理如图 4-36 所示，机器人电源、焊接电源、柜内电源、直流电源均连接三相电源，中间连接断路器控制各设备的电源通断。柜内电源的电气原理如图 4-37 所示，主要连接照明与风扇。

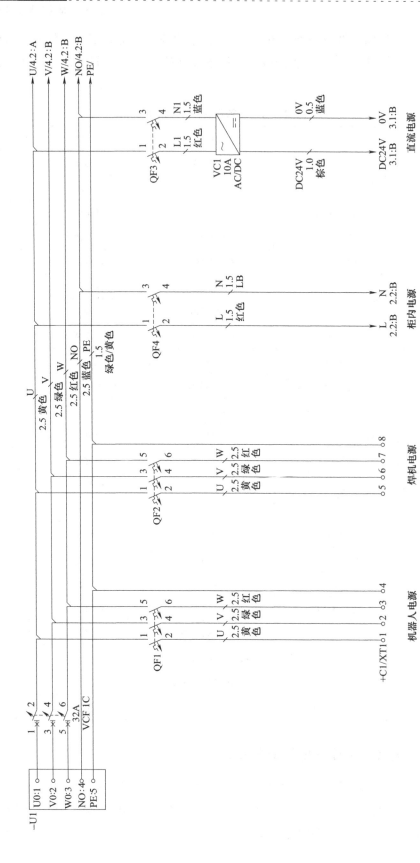

图 4-36 焊接机器人工作站的主电路电气原理

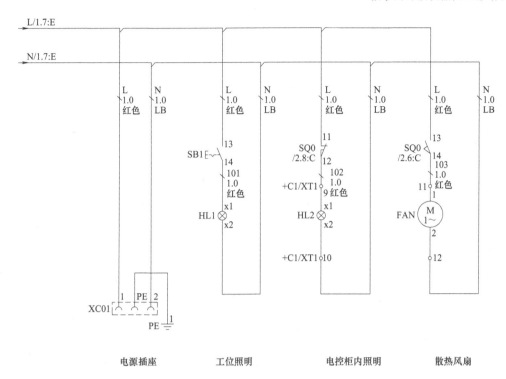

图 4-37　柜内电源的电气原理

　　控制电源的电气原理如图 4-38 所示，主要为 PLC、PLC 的输入/输出信号供电和伺服控制电源，该电路需接急停控制开关。

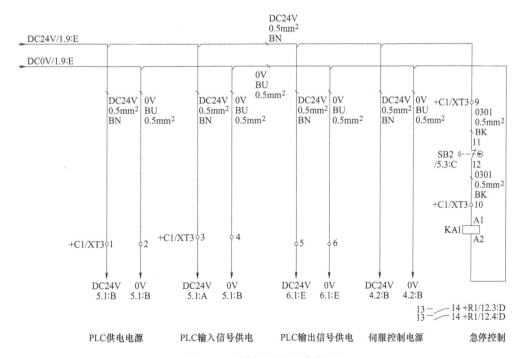

图 4-38　控制电源的电气原理

焊接机器人工作站的 PLC 系统输入电气原理如图 4-39 所示，选用 DC 24V 电源 CPU 1214 DC/DC/DC PLC 供电，公共端 1M 接 0V 信号，PLC 采用源型输入。其输入口 I0.0~I0.5 的 6 个 DI 信号接入按钮站中。I0.0 为急停信号的第二回路，急停的另外一个回路控制中间继电器 KA1；I0.1、I0.2、I0.3 接工作站的启动信号、复位信号和停止信号；I0.4、I0.5 分别为按钮站中的上料请求和下料请求，用于人工作业请求信号；I0.6 为绝对值伺服电动机的机械零点检测信号，在初次定位时使用光电信号对绝对值伺服电动机设置零点；I0.7 与 I1.0 分别为夹具气缸的磁性开关，用于检测气动元件是否执行到位；I1.1 为安全门状态检测，在自动运行中检测安全门是否打开，工作站内有无人员进入；I1.2~I1.4 信号通过 XT2 端子台连接到 R1 控制柜中，I1.2 接入机器人系统信号用于查看机器人钥匙旋钮是否处于自动运行模式，I1.3 用于检测焊机电源是否准备好，I1.4 接入机器人系统信号用于检测机器人是否处于自动运行中，I1.5 是 PLC 系统的备用信号。

焊接机器人工作站的 PLC 系统输出电气原理如图 4-40 所示，选用 DC 24V 电源 CPU 1214 DC/DC/DC PLC 供电，晶体管型 PLC 采用源型输出。其输出口 Q0.0~Q0.4 信号通过 XT2 端子台连接到 R1 控制柜中，Q0.0 信号接入机器人 I/O 板 DSQC 651，该信号与机器人 system DI 绑定机器人程序指针移动到 Mian 程序，Q0.1 信号接入机器人 system DI 用于机器人上电及程序启动，Q0.2 信号接入机器人 systemDI 用于使机器人准备就绪，Q0.3 信号接入机器人 system DI 用于机器人停止、暂停，Q0.4 信号接入机器人 systemDI 用于清枪机构的指令信号；Q0.5~Q0.6 信号用于控制三位五通电磁阀；Q0.7~Q1.1 信号分别连接三色灯的绿灯、黄灯和红灯。

焊接机器人工作站内包含各种类型的部件，部件之间采用不同的通信协议，本系统的网络拓扑结构如图 4-41 所示。PLC 控制器与 HMI 触摸屏采用 S7 通信协议，PLC 控制器与 IRC5 机器人控制柜采用 I/O 及 TCP/IP 通信协议，IRC5 机器人控制柜与焊机电源采用 DeviceNet 通信协议。各类型协议组网通信完成系统内部数据交换需求。

焊接机器人工作站的 R1 柜是机器人 IRC5 控制柜，R1 柜内 I/O 通信使用 DSQC 651 板卡，其中 8DI 电气原理如图 4-42 所示。DI0 信号使机器人程序指针移动到 Main 程序，DI1 信号用于机器人上电及程序启动，DI2 信号用于使机器人准备就绪，DI3 信号接入机器人 system DI 用于机器人停止、暂停；DI4 信号为清枪信号；DI5 信号与焊机电源的冗余 I/O 连接，表示焊接电源已准备好；DI6 信号用于保护气体冗余检测，查看焊接保护气体是否正常；DI7 信号为备用信号。

R1 柜内 I/O 通信的 8DO 与 2AO 电气原理如图 4-43 所示。DO0 输出信号表示机器人钥匙开关是否处于自动运行模式；DO1 信号表示机器人程序正在运行中；DO2~DO5 信号冗余连接到焊机电源控制器，其中 DO2 输出信号为起弧控制信号，DO3 输出信号为送气控制信号，DO4 输出信号为送丝控制信号，DO5 输出信号为退丝控制信号，冗余控制信号在一般运行情况下无作用，当总线信号断开时，切换焊机电源运行模式能够控制焊机继续工作；DO6 输出信号为清枪机启动信号；DO7 输出信号为备用信号；另外两个模拟量输出信号 AO0 和 AO1 作为冗余信号连接到焊机电源，分别控制焊机电压与送丝速度。

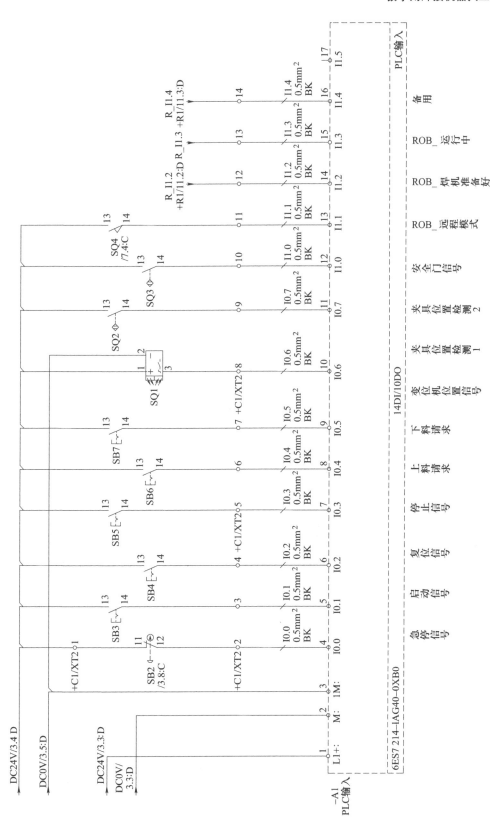

图 4-39　PLC 系统输入电气原理

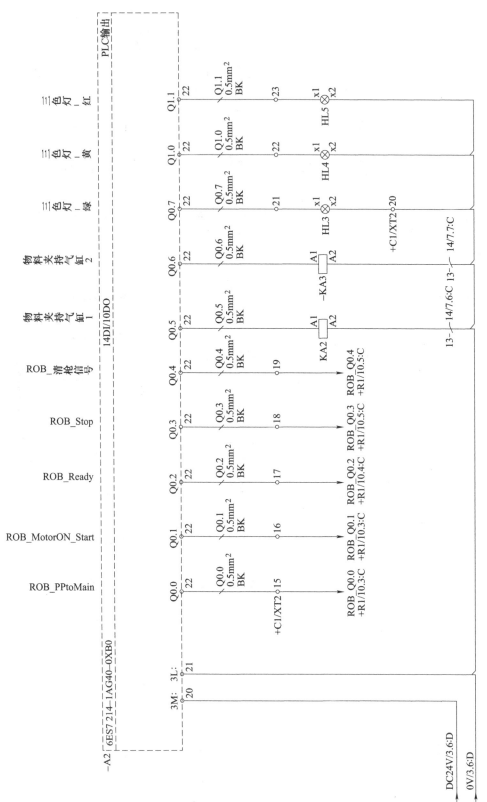

图 4-40 PLC 系统输出电气原理

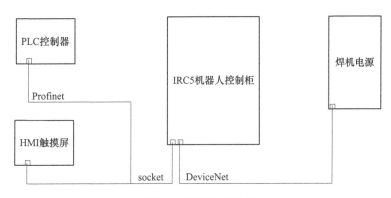

图 4-41 网络拓扑结构

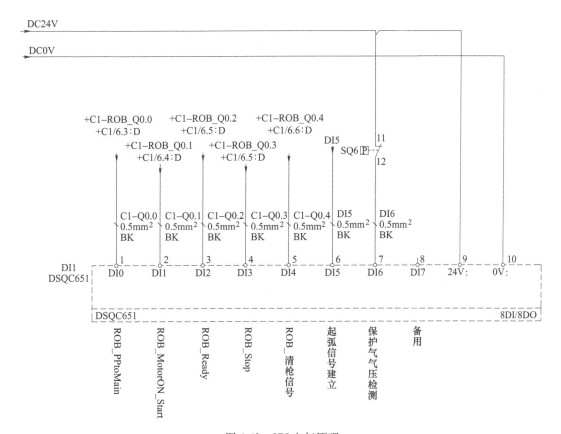

图 4-42 8DI 电气原理

如图 4-44 所示，其中 X1 为变位机控制电缆，X2 为伺服动力电缆，X3 为编码器电缆，X4 为清枪机构控制电缆，X5 为 I/O 控制电缆，X6 为通信电缆，X7 为送丝机构控制电缆，X8 为送丝机构电源，X9 为 DeviceNet 控制电缆，X10 为 I/O 控制电缆，X11 为模拟量控制电缆，X12 为电流追踪互感器，X13 为 I/O 控制与检测。

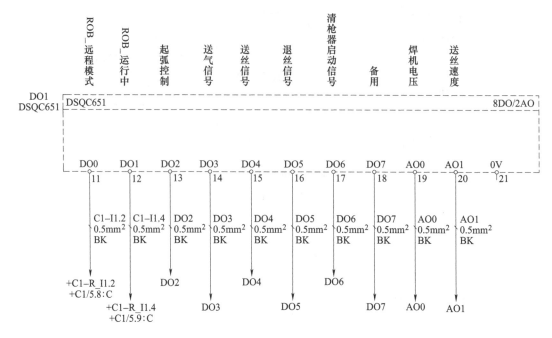

图4-43 8DO与2AO电气原理

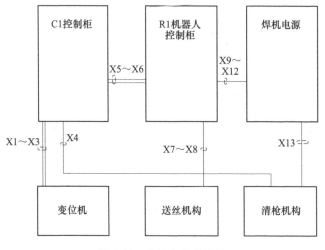

图4-44 机器人电缆连接

4.5.3 PLC与机器人I/O分配

焊接机器人工作站所用PLC和DSQC 651的所有输入及输出信号的I/O分配见表4-5。

表 4-5　PLC 和 DSQC 651 的 I/O 分配

PLC 信号 I/O 分配		机器人 I/O 分配 1（DSQC 651）	
名称	地址	名称	地址
急停信号	I0.0	ROB_ PPtoMain	DI0
启动信号	I0.1	ROB_ MotorON_ Start	DI1
复位信号	I0.2	ROB_ Ready	DI2
停止信号	I0.3	ROB_ Stop	DI3
上料请求	I0.4	ROB_ 清枪信号	DI4
下料请求	I0.5	起弧信号建立	DI5
变位机位置信号	I0.6	保护气气压检测	DI6
夹具位置检测 1	I0.7	备用	DI7
夹具位置检测 2	I1.0	ROB_ 远程模式	DO0
安全门信号	I1.1	ROB_ 运行中	DO1
ROB_ 远程模式	I1.2	起弧控制	DO2
ROB_ 焊机准备好	I1.3	送气信号	DO3
ROB_ 运行中	I1.4	送丝信号	DO4
备用	I1.5	退丝信号	DO5
变位机指令请求	IW100	清枪器启动信号	DO6
变位机速度设置	IW102	备用	DO7
变位机位置请求	IW104	焊机电压	AO0
ROB_ PPtoMain	Q0.0	送丝速度	AO1
ROB_ MotorON_ Start	Q0.1	机器人 I/O 分配 2（焊机）	
ROB_ Ready	Q0.2	设定电流	HJ_ GO32-47
ROB_ Stop	Q0.3	设定电压	HJ_ GO48-63
ROB_ 清枪信号	Q0.4	起弧信号	HJ_ DO0
物料夹持气缸 1	Q0.5	机器人就绪	HJ_ DO1
物料夹持气缸 2	Q0.6	起弧成功反馈	HJ_ DI0
三色灯_ 绿	Q0.7		
三色灯_ 黄	Q1.0		

焊接机器人工作站 PLC 的 I/O 分配、机器人 DSQC 651 板的 I/O 分配及焊机电源通信 I/O 分配见表 4-6。其中，PLC 本体有 14 个 DI 信号、10 个 DO 信号；机器人 DSQC 651 板有 8 个 DI 信号、8 个 DO 信号及 2 个 AO 信号；机器人与焊机电源采用 DeviceNet 通信，包含 1 个 DI 信号、2 个 DO 信号及 2 个 GO 信号。

4.5.4　机器人通信

ABB 机器人和焊机电源通信一般有两种方式，一种通过 ABB 标准板 I/O（DSQC 651、DSQC 1030 和 DSQC 1032）和焊机通信，另一种通过 DeviceNet 通信和焊机通信。本案例同时采用两种通信方式进行冗余通信。

其中，硬件的连接方式见表4-5，如采用DeviceNet通信，以麦格米特焊机电源为例，需要交互的轮巡数据为12B的输出、13B的输入类型，焊接电源内部的I/O分配见表4-6。

表4-6 焊接电源内部的I/O分配

名　　称	地址	备　　注
开始焊接	E00	
机器人准备就绪	E01	
Bit0 焊机工作模式	E02	0：直流一元化；1：脉冲一元化；2：JOB 模式；3：断续焊；4：分别模式
Bit1 焊机工作模式	E03	
Bit2 焊机工作模式	E04	
双丝焊主机选择	E05	
气体检测	E08	
点动送丝	E09	
反抽送丝	E10	
焊机故障复位	E11	
寻位使能	E12	
清枪气阀开关	E13	
JOB 模式：JOB 号	E16～E23	
程序号	E24～E30	
焊接仿真	E31	仿真时不出功率
焊接给定电流/送丝速度	E32～E47	
焊接给定电压/一元化修正值	E48～E63	
直流：电弧特性 脉冲：频率＆电流 JOB 模式：JOB 号	E64～E71	使能位无法使用
回烧时间修正值	E72～E79	使能位无法使用
焊接行走速度	E86～E95	使能位无法使用

4.5.5　人机交互界面设计

HMI是Human Machine Interface英文首字母的缩写，即人机接口，也叫人机交互界面（又称用户界面或使用者界面），是系统和用户之间进行交互和信息交换的媒介，它可以实现信息的内部形式与人类可以接受形式之间的转换。

在焊接机器人工作站系统中，人机交互界面具有实时显示系统状态信息、报表生成与打印、图形接口控制、报警与生产信息记录等作用。本系统的主运行界面如图 4-45 所示。

图 4-45　系统的主运行界面

HMI 系统用途广泛，在本系统中，其设计的基本步骤如下：

1）将 PLC 中的变量或上位机的通信变量导入 HMI 系统的步骤如图 4-46 所示。首先，在 HMI 系统中新建空变量表，然后选中需要导入的变量列表，最后批量导入到 HMI 新建的变量表中，系统会根据路径自动建立连接条件。

2）按钮的创建与设置。常用按钮有自复位按钮与自锁按钮，本设计采用自复位按钮，在 HMI 系统中创建自复位按钮的步骤如图 4-47 所示。

3）I/O 监控与创建变量动画效果。创建变量指示的动画效果的过程如图 4-48 所示。

根据创建变量动画效果的步骤，依次对 PLC 的 I/O 变量进行设置，在 CPU 1214C 本体中包含 14 个 DI、10 个 DO 及 2 个 AI 信号，监控 I/O 总览如图 4-49 所示。

4）参数设置与"I/O 域"编辑。"I/O 域"对象用于输入和显示过程值，可以自定义对象的位置、形状、样式、颜色和字体类型。在焊接机器人工作站系统中，需要设置与显示相关的参数，具体设置过程如图 4-50 中①~⑥所示。

5）信息提示功能与"符号 I/O 域"编辑。符号 I/O 域对象在组态运行系统中用于文本输入和输出的选择列表，在巡视窗口中，可以自定义对象的位置、形状、样式、颜色和字体类型。可以修改模式（指定在运行系统中对象的响应）、文本列表（指定链接到对象的文本列表）、选择列表的按钮（指定对象具有可打开选择列表的按钮）。

焊接机器人工作站中多处使用了文本信息提示栏，如系统状态信息显示、机器人模式显示等，都可使用"符号 I/O 域"进行设置。编辑"符号 I/O 域"的步骤如图 4-51 中①~⑨所示。

以上就是 HMI 系统设计的一般步骤，运用各类型元件可以实现人机交互功能，既能在运行中显示相关的运行状态信息，也能通过在屏幕上简单设置操作来修改生产数据资料。另外，HMI 还能实现生产趋势及曲线记录、报警、配方、硬件诊断等功能。

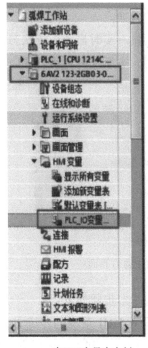

在HMI变量表中创 ⇨ 选中PLC中变量
建新的变量表

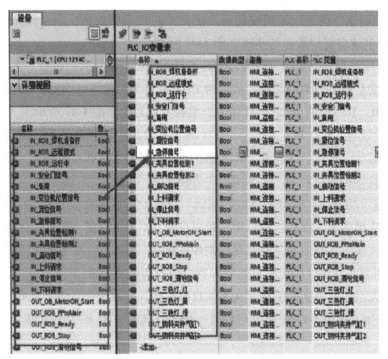

⇨ 将选中的PLC变量导入HMI变量表中

图 4-46　变量导入 HMI 系统的步骤

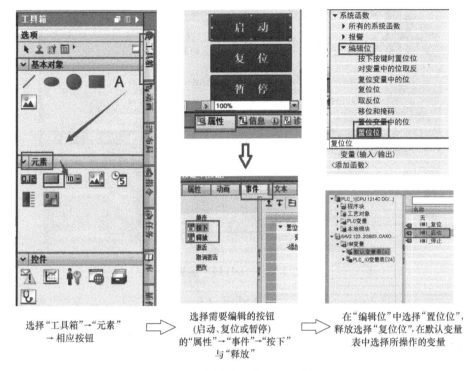

选择"工具箱"→"元素" → 相应按钮

选择需要编辑的按钮 (启动、复位或暂停) 的"属性"→"事件"→"按下" 与"释放"

在"编辑位"中选择"置位位", 释放选择"复位位",在默认变量 表中选择所操作的变量

图 4-47　创建自复位按钮的步骤

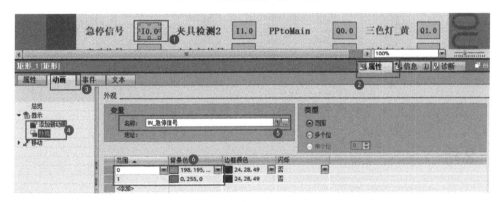

图 4-48　创建变量指示的动画效果的过程

图 4-49　监控 I/O 总览

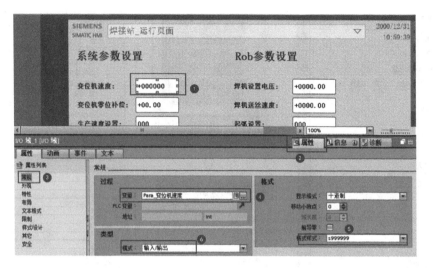

图 4-50　"I/O 域"编辑

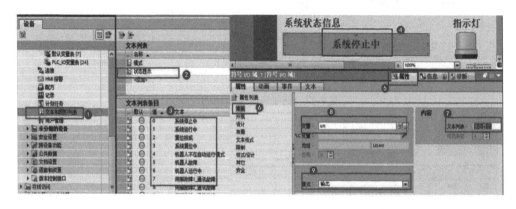

图 4-51　编辑"符号 I/O 域"的步骤

4.6　总结

本章利用机器人产学研中心校企合作企业研发设计的教学用焊接机器人工作站，基于实践教学与生产实际紧密结合的教学设计理念，开展了机器人及变位机的正运动学分析，根据机器人工程专业实践教学的情况，从结构设计、仿真设计及电气设计三个方面阐述了教学用焊接机器人工作站设计的基本思路及一般过程。

在焊接机器人工作站结构设计方面，主要开展了焊机机器人工作站的工艺流程分析、机器人选型设计、气动装置设计、定位夹具设计、变位机和底座及工作站整体结构设计等。

在焊接工作站仿真设计方面，阐述了利用 RobotStudio 软件开展机器人工作站仿真设计的一般步骤及实现功能，通过仿真验证焊接工作站设计的合理性。

在焊接机器人工作站电气设计方面，主要开展了焊接机器人工作站的电气控制方案设计、主电路设计、电源电路设计、输入输出电路设计、I/O 端口功能设计及人机交互界面设计等。

第5章

服务机器人结构设计

　　服务机器人是机器人设计研究的一个热门方向，服务机器人融合了移动机器人的多项技术，技术含量高；在应用功能上，服务机器人大大降低了人的劳动强度、提高了劳动效率，适用于宾馆、酒店、办公场所和家庭等多个场景。本章以服务机器人中的典型应用——扫地机器人和图书分拣机器人为例，分析服务机器人结构设计的基本原理和一般方法。

5.1　设计意义与设计背景

5.1.1　设计意义

　　服务机器人产业发展反映了国家科技创新和高端制造业水平，越来越受到各国的广泛关注和高度重视。目前，我国逐渐进入老龄化社会，社会服务成本逐渐增加，助老陪护、医疗健康服务的需求十分旺盛，发展与推广服务机器人将会在一定程度上缓解专业服务人员的需求，便利人们的生活。随着国家持续投入服务机器人在国防军事、未知探索和公共安全等领域的开发应用，机器人逐渐代替人类完成在恶劣环境下的高风险任务。推广应用服务机器人，高效、便捷地完成繁重的重复性、基础服务性和高风险性工作，可有效改善民生问题，缓解社会劳动力需求。设计研发服务机器人作为战略意义上的高科技技术，具有十分重要的意义。

5.1.2　设计背景

　　近年来，国内外服务机器人新产品不断涌现。国外机器人研究机构或机器人公司在双臂协作机器人、智能物流 AGV、无人驾驶、医疗手术及康复机器人、智能服务机器人和特种机器人等方面取得了重要突破。社交智能化机器人服务平台、医用机器人服务、智能交通系统、智能感知识别、大数据与人工智能、生物材料与刚柔耦合软体机器人、微纳制造与智能硬件等已成为服务机器人的热点应用领域。未来服务机器人及产业将向融合基础技术、定制化智能制造等方向发展。

　　在家庭服务方面，机器人主要进行打扫清洁、家庭助理和管家工作。目前，国内外主要有美国 iRobot 公司的 Roomba 系列吸尘清扫机器人、Neato 公司的 XV 系列清扫机器人，国内科沃斯公司的扫地机器人和擦窗机器人等系列。在智能物流方面，以智能 AGV 为代表的仓储机器人在生产应用中发挥越来越大的作用。传统 AGV 利用电磁轨道设置行进路线，利用传感器实现避障，沿预定路线自动行驶。现代仓储机器人融合了 RFID 自动识别、激光引导、无线通信和模型特征匹配技术，使机器人精确完成定位、引导和避障运动。

5.2　扫地机器人结构设计

5.2.1　工况分析

扫地机器人的技术指标主要包括外形尺寸、净重、速度、爬坡能力、电动机最大功率/最大功率转速等，各项指标设计要求如下：

1. 外形尺寸

通过对扫地机器人不同工作环境和当前主流扫地机器人的应用功能进行调研后，结合所设计的扫地机器人的实际情况及清扫效率，设计的扫地机器人的长、宽、高尺寸分别为350mm、350mm 和 120mm。

2. 净质量

本设计的扫地机器人作业时除了搭载必要的清扫工作装置、灰尘盒和锂电池，还需搭载主控设备和多种传感器，综合考虑平台的承载能力和运动便利性，扫地机器人本体净质量为3kg，附带的垃圾收集装置的质量为 5kg。

3. 速度

人的正常步行速度为 4~5km/h ，为了使扫地机器人的工作效率大于人工清扫效率，扫地机器人扫地的速度应大于人的正常步行速度，同时兼顾清扫效果，避免高速清扫发生扬尘，如遇突发情况还需要人工急停，因此运动速度不应过快，设计速度约为 10km/h。

4. 爬坡能力

本设计中扫地机器人的工作环境路况单一且平整度较好，设计最大爬坡度为 1∶10。

5. 电动机最大功率/最大功率转速

电动机最大功率为 3kW，最大功率转速为 1450r/min。

5.2.2　底盘和三维设计

1. 底盘结构和方案设计

本设计的扫地机器人属于轮式移动机器人，根据移动机器人底盘车轮数，可分为单轮、两轮、三轮、四轮及多轮构型移动机器人。单轮构型移动机器人有轮形和球形两种结构，以单轮滚动方式进行运动。单轮构型移动机器人受地形影响较小，稳定性和承载能力较差。两轮构型移动机器人可分为两轮纵向式和两轮对称式结构。自行车机器人是典型的两轮纵向式布置结构，两轮平衡车是典型的两轮对称式布置结构，两轮移动机器人具有运动灵活、控制精度要求较高等特点。轮式移动机器人中最普遍的底盘结构有三轮和四轮构型，目前三轮和四轮构型移动机器人的设计研究较为成熟，具有易于控制的特点，适合行走在平整路面。多轮构型移动机器人多用于重载和复杂环境的地形，主要应用于特种、装备、任务、救援和探测等场合，在爬坡和越障能力上具有很强的优势。各类轮式移动机器人的轮子组合性能对比见表 5-1。

表 5-1　轮式移动机器人轮子组合性能对比

移动机器人种类	单轮构型	两轮构型	三轮和四轮构型	多轮构型
越障能力	一般	较差	一般	良好
承载能力	较差	一般	良好	一般
结构复杂度	简单	简单	一般	复杂
控制性能	一般	较差	良好	较差
调速能力	良好	一般	良好	一般
稳定性	较差	较差	良好	良好
其他能力	跳跃	无	无	跳跃、变形

底盘是扫地机器人的基架，本设计考虑到底盘材料需要有一定硬度，且要对环境无污染，故采用 3mm 厚 PVC 材质硬纸板。扫地机器人轮式行走机构如图 5-1 所示。其中，可调速直流电动机控制左、右驱动轮运动，转向轮可任意方向转动，便于机器人在行走过程中改变方向。根据扫地机器人各元器件尺寸，其底盘结构设计成边长为 350mm 的正方形，如图 5-2 所示。

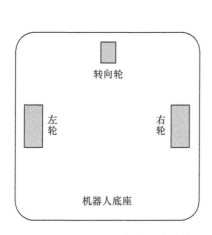

图 5-1　扫地机器人轮式行走机构

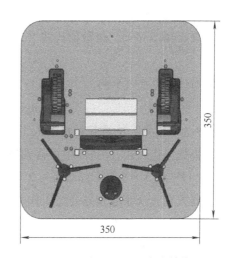

图 5-2　扫地机器人底盘结构

直流电动机具有调速范围大、调速方便、启停转矩大、驱动容易，稳定性好等特点。本设计扫地机器人的最大速度为 2.78m/s，车轮直径为 68mm。

电动机转速为

$$n = (U - IR)/K\phi \tag{5-1}$$

其中，U 为电枢端电压；I 为电枢电流；R 为电枢总电阻；ϕ 为每极磁通量；K 为直流电动机的性能参数。从式（5-1）可知，n 与电压、电流有关，可通过改变 U 和 I 调节电动机转速。

本设计的扫地机器人选择专用的减速电动机，额定电压为9V，额定电流为18mA，额定转速为300r/min，减速比为48∶1，工作负载为1.2kg。

本设计中选择后轮驱动电动机和前轮转向电动机，需以扫地机器人直线运动为前提，计算车轮扭矩和功率，由于扫地机器人也会做曲线运动，适当放大直线工况下机器人扭矩与功率，提高机器人设计和选型可靠性。

扫地机器人直线行驶时，作用在扫地机器人上阻力有滚动阻力、坡度阻力、加速阻力和空气阻力，其关系见式（5-2）。

$$\sum F = F_f + F_j + F_i + F_w \tag{5-2}$$

其中，F_f 为滚动阻力；F_j 为加速阻力；F_i 为坡度阻力；F_w 为空气阻力，滚动阻力计算见式（5-3）。

$$F_f = \mu mg \tag{5-3}$$

其中，m 为扫地机器人的净质量，取5kg；g 为重力加速度，取9.8m/s²；μ 为滚动摩擦系数，结合扫地机器人的工况，取0.02。将以上数值代入式（5-3）中可以得出滚动阻力 F_f

$$F_f = 0.02 \times 5 \times 9.8 \text{N} = 0.98 \text{N}$$

加速阻力计算见式（5-4）。

$$F_j = ma \tag{5-4}$$

其中，a 为扫地机器人的最大加速度，为了避免加速度过快带来的安全隐患，需要对其进行限制，取 $a = 0.5$m/s²，将数值代式（5-4）中得

$$F_j = 5 \times 0.5 \text{N} = 2.5 \text{N}$$

坡度阻力计算见式（5-5）。

$$F_i = mg\sin\theta + \mu mg\cos\theta \tag{5-5}$$

其中，θ 为坡度角，结合扫地机器人工作环境，设计本扫地机器人的最大爬坡度为20°，即 $\theta = 20°$，将数值代入式（5-5）中可得到坡度阻力：

$$F_i = (5 \times 9.8 \times \sin20° + 0.02 \times 5 \times 9.8 \times \cos20°)\text{N} = 17.68\text{N}$$

扫地机器人在大众家庭和办公场所作业时，行驶速度较低，可忽略空气阻力，$F_w = 0$。

$$\sum F = (0.98 + 2.5 + 17.68 + 0)\text{N} = 21.16\text{N}$$

根据定轴转动的刚体动力学公式

$$\alpha J_w = T_t - F_t R \tag{5-6}$$

其中，T_t 为车轮转矩，J_w 为车轮的转动惯量，轮胎半径取 $R = 34$mm，轮胎质量 $m_{胎} = 0.137$kg，则

$$J_w = (1/2)mR^2 = (1/2) \times 0.137 \times 0.034^2 \text{kg/m}^2 = 0.000079\text{kg/m}^2$$

车轮角加速度 α 为

$$\alpha = a/R = 0.5/0.034\text{rad/s}^2 = 14.71\text{rad/s}^2$$

单个轮胎受到的外部阻力 F_t 为

$$F_t = \sum F/3 = 21.16/3\text{N} = 7.05\text{N}$$

计算得到车轮转矩 $T_t = 0.24\text{N} \cdot \text{m}$。

根据扭矩和功率计算公式

$$P = 9550T_t/n$$

$$n = v/2\pi R$$

其中，n 为车轮转速；v 为扫地机器人作业速度，取 $v = 10\text{km/h} = 2.78\text{m/s}$。

$$P = 2\pi R \times 9550T_t/v = 2 \times 3.14 \times 0.034 \times 9550 \times 0.24/2.78\text{W} = 0.176\text{kW}$$

2. 扫地机器人三维结构设计

为提高机器人清扫效率，本设计采用滚刷和边刷结合的清扫方式。滚刷安装于扫地机器人底盘中央，负责将垃圾运送到风机吸口附近。边刷布置在扫地机器人底盘前方两侧，负责聚拢扫地机器人前方的垃圾，并将其抛向滚刷的工作范围。滚刷的选型影响垃圾清扫的效果，边刷的选择决定的清扫宽度，边刷的工作半径为 30mm、滚刷的工作长度为 120mm，其结构如图 5-3 和图 5-4 所示。

图 5-3　滚刷三维结构设计　　　　　　图 5-4　边刷三维结构设计

对扫地机器人各机构开展三维设计，机器人整体内部结构如图 5-5 和图 5-6 所示。

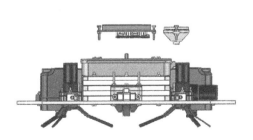

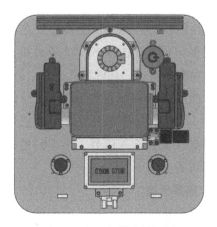

图 5-5　扫地机器人主视图　　　　　　图 5-6　扫地机器人俯视图

5.2.3 电子元器件选型

1. 传感器选型

由于室内环境复杂，为了保障扫地机器人能自主完成室内的清扫工作，扫地机器人必须具有自动避障功能，实现自动识别躲避障碍物。目前主要使用的传感器有触碰模式和非触碰模式两类，碰模式传感器有碰撞传感器，主要将碰撞时产生的力传递到压力开关上，并以此作为输入信号，具有灵敏度高的特点，冲击力大时也可缓解冲击力的作用，但机械结构设计比较复杂。非触碰式传感器有红外传感器，可实现扫地机器人间接接触障碍物。

本设计使用型号为 GP2Y0A21 的红外测距传感器模块，该传感器对光线具有很强的适应能力，具有可调性强、性能稳定、灵敏度高、干扰小、便于装配及使用方便等特点。探测距离为 10~80cm，有效测量角度大于 40°，输出模拟电压信号在 0~8cm 的距离内成正比、非线性关系，在 10~80cm 的距离内成反比、非线性关系，平均功耗约为 30mA，反应时间为 5ms，对背景光及温度的适应性较强，可用于机器人的测距、避障及高级路径规划，以及设计机器人、智能小车等避障功能。

当模块探测到前方障碍物信号时，电路板上的红色指示灯亮。调节电位器角度，减小检测距离。利用信号的反射进行探测，具有探测距离有限、无法检测黑色障碍物等局限性。连接方式为 VCC-VCC、GND-GND、OUT-I/O。采用 LM339 比较器，工作稳定。采用 3.3~5V 直流电源对传感器进行供电，传感器底部有 3mm 螺钉孔，用于固定、安装传感器。

2. 控制器选型

扫地机器人要实现每个模块的功能，主控制器就要便捷、迅速地执行模块功能，响应传感器输入信号。主控制器需要控制多个中断源和输入、输出接口，同时需要较大的程序存储内存，保证使用时程序电量不会丢失，为方便数据传输，主控系统还支持串口数据通信。STC 单片机性能较为可靠、使用简单，在各个领域使用较多。本设计选择 STC52 单片机，存储空间大，可满足要求，且成本低，其引脚如图 5-7 所示。此系列的 MCU 正常工作电压为 5V，晶体频率为 12MHz，功率消耗小。单片机可读取外围传感器设备的输入信号，实现扫地机器人自动避障功能。

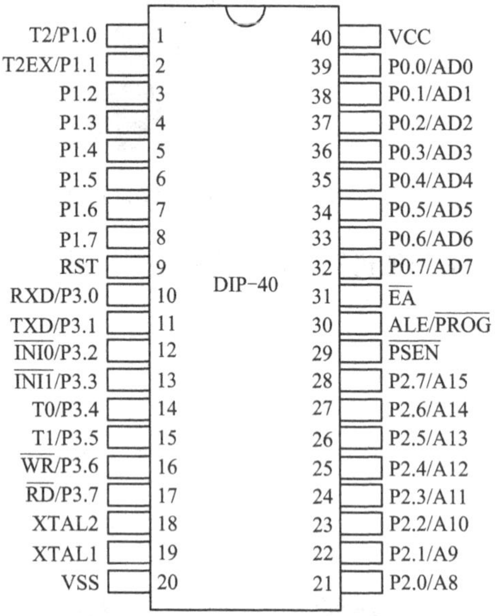

图 5-7 STC52 单片机引脚

3. 电源选型

为使扫地机器人一次充电后能够清扫较长时间，本设计采用具有较强速放电能力的锂电池。锂电池耐过充过放，较为安全，经济性强；不含铅、汞等重金属，可以避免对大气造成危害；寿命长，可循环充电放电 500 余次；小体积大容量，供电平稳，可有效防止不稳定电流对电池的伤害，使用时间长；高速率，可快充快放 10c，瞬间放电 10c，持续放电 5c。

5.3 图书分拣机器人结构设计

5.3.1 循迹移动底盘设计

图书分拣机器人采用 AGV 导航技术作为运载系统的核心，通过 AGV 色带二维码融合导引，色带二维码相融合的导航方式是在普通水泥地面上铺设色带，在拐弯点铺设二维码，通过安装在二轮差速 AGV 轮轴中间上方的相机采集色带和二维码信息，计算当前 AGV 在世界坐标下的位置和前进方向。AGV 导航就是指使其按照预先设定的轨迹到达目标位置，本设计采用 AGV 小车中心与色带中心的偏差以及色带与小车前进方向的夹角来修正机器人行走轨迹，通过二维码确定小车位置并校正里程计数据采用二维码色带融合的导航技术，定位精度高，适用于复杂的路径，AGV 本身及环境要求相对较低，成本低廉。机器人利用前置超声波传感器开展机器人自动避障，具有环保无污染的特点，其结构如图 5-8 所示。

图 5-8　图书分拣机器人

图书分拣机器人行走速度设计为 2m/s，即每小时运动的路程为 7.2km。车轮直径为 300mm，电动机转速 n 为 120r/min。

设计电动机与传动齿轮的转速比为 1:5，初步设定机器人电动机的满载转速为 600r/min。

机器人的满载质量为 400kg，车底有 2 个轴、4 个轮胎，小车行走时受到地面摩擦作用，查阅资料摩擦系数 $\mu = 0.15$。

小车力矩为

$$M = \mu mgn = 0.15 \times 400 \times 10 \times 120 \text{N} \cdot \text{m} = 72000 \text{N} \cdot \text{m}$$

电动机的输出功率为

$$P = fv = \mu mgv = 0.15 \times 400 \times 10 \times 2 \text{W} = 1200 \text{W}$$

电动机通过传动轴传递动力，在传动过程中存在一定的能量损耗，设定传动效率 η 为 0.8，电动机实际功率为

$$P_{\text{实}} = \frac{P}{\eta} = \frac{1200}{0.8} \text{W} = 1500 \text{W}$$

考虑机器人工作负载的波动情况，本设计的负载安全系数选择 1.2，因此电动机选型功率为

$$P_{总} = 1.2P_{实} = 1800\text{W}。$$

根据表 5-2 的技术参数，本设计选取 Y 系列 Y112M-6 型三相异步电动机，满载额定功率为 2.2kW，满载转速为 940r/min，质量为 45kg。

表 5-2　Y 系列三相异步电动机技术参数（JB/T 1093—2008）

电动机型号	额定功率/kW	满载转速/(r/min)	额定转矩/N·m	最大转矩/N·m	质量/kg
Y90S-6	0.75	910	2.0	2.2	23
Y90L-6	1.1	910	2.0	2.2	25
Y112M-6	2.2	940	2.0	2.2	45
Y132S-6	3	960	2.0	2.2	63
Y132M1-6	4	960	2.0	2.2	73

5.3.2　机械臂选型

机械臂很大程度上决定了机器人的运行自由度，直接影响机器人夹取图书的精准度。机械爪的传动方式有气压传动、液压传动、电气传动和机械传动等。本设计的图书分拣机器人采用电气传动，以电力驱动机械爪，无污染，具有动作迅速、平稳、可靠、结构简单轻便、体积小、节能、工作寿命长的特点。在易控制、无环境污染的场合，首选电气传动作为机械手的驱动控制系统。

图书分拣机器人采用六轴机械手搬运图书，机械手运动到指定位置，确定目标图书后夹取并将图书放置在自动图书分拣机器人后置书柜中，然后机械手归位完成本次图书夹放，机器人继续进行下一本图书夹放工作。在这一轮工作环节中，机械手通过各个关节的协调运动准确夹放图书。

六轴机械手由底座、定位孔、第一转轴、第一电动机、传感器、机械座、安装孔、第二转轴、第二电动机、机械腕、第三转轴、第三电动机、机械臂、第四转轴、抓取手、夹持板、安装盘、安装孔、连接部件等组成。考虑机械手夹取力以及各单位零件的驱动力后，确定手指的张开范围以及开闭角度，保证机械手的夹取精度。并在保证本体刚度、强度的前提下，尽可能结构紧凑、质量轻，减轻机械臂的负载，提高效率。六轴机械手的结构如图 5-9 所示。

图 5-9　六轴机械手的结构

5.3.3　图书识别模块

本设计中采用 RFID 无线射频识别技术用于构建图书识别模块，RFID 无线识别技术具有抗干扰能力强、识别精度高等特点，可实现标签数据近距离无线识别，RFID 图书机器人分拣与人工分拣图书相比，分拣效率和定位准确率更高，有效解决了长期困扰图书馆图书分拣效率低、成效差、耗时耗力，读者无法及时、准确获取图书定位信息等问题。但也存在一些不足，虽然图书定位准确率接近 96%，但仍出现机器人分拣放置少数背面图书的情况，图书正反面分拣的准确性还有待进一步提高。

5.4　总结

本章主要针对扫地机器人、图书分拣机器人进行结构设计，主要包括力学计算和标准件选型。通过两个服务机器人的结构设计案例，简要阐述了服务机器人设计的一般过程和方法，作为机器人工作站设计内容的有益补充，可使读者较好地利用案例对比学习工业机器人及服务机器人的设计知识。

参 考 文 献

[1] 陈鑫. 工业机器人典型工作站虚拟仿真详解 [M]. 北京：机械工业出版社，2020.

[2] 陈鑫. 工业机器人工作站虚拟仿真教程 [M]. 北京：机械工业出版社，2019.

[3] 杨可桢，等. 机械设计基础 [M]. 北京：高等教育出版社，2020.

[4] 工控帮教研组. ABB 工业机器人虚拟仿真教程 [M]. 北京：电子工业出版社，2019.

[5] 张红卫. 工业机器人工作站系统集成设计 [M]. 北京：人民邮电出版社，2018.

[6] 战强. 机器人学 [M]. 北京：清华大学出版社，2019.

[7] 张英. 机器人机构运动学 [M]. 北京：北京邮电大学出版社，2020.

[8] 双元教育. 工业机器人工作站电气系统设计 [M]. 北京：高等教育出版社，2021.

[9] 徐沛. 自动生产线应用技术 [M]. 北京：北京邮电大学出版社，2015

[10] 周非同. 室内移动机器人导航系统研究与设计 [D]. 合肥：中国科学技术大学，2019.

[11] 曹勇. 基于多传感器融合的仓储 AGV 导航定位系统设计与实现 [D]. 济南：山东大学，2019.

[12] 郑萍萍. 教学用 SV-18T 型台式数控车床自动送料系统设计 [D]. 哈尔滨：哈尔滨理工大学，2019.

[13] 郭志良. 数控车床桁架机器人上下料系统设计研究 [D]. 大连：大连理工大学，2019.

[14] 刘小杨. 五轴柔性生产线上零件形面特征在机检测系统研究与实现 [D]. 成都：电子科技大学，2020.

[15] 肖泽一. 饮料生产线金属罐盖表面缺陷检测方法研究 [D]. 长沙：湖南大学，2019.

[16] 江磊. 汽车半轴自动化生产线规划设计及其花键视觉检测系统研究 [D]. 合肥：合肥工业大学，2019.

[17] 许军霞. 汽车地板焊接柔性化生产线设计与研究 [D]. 徐州：中国矿业大学，2019.

[18] 张峰铭. 高速电主轴噪声的研究与分析 [D]. 沈阳：沈阳建筑大学，2019.

[19] 龚飞. 电主轴测试平台的设计与实现 [D]. 成都：电子科技大学，2019.

[20] 王金鑫. 冲压机器人结构设计及关键技术研究 [D]. 天津：天津科技大学，2019.

[21] 段孟轲. 基于工业机器人的柔性装配线教学平台及教学软件设计 [D]. 合肥：合肥工业大学，2019.

[22] 姚明杰. 轮式车辆车体装配生产线的规划与设计 [D]. 长春：长春理工大学，2020.

[23] 贺焕. 面向自动化装配生产线的虚拟仿真平台研究 [D]. 武汉：武汉理工大学，2019.

[24] 艾明慧. 基于 RobotStudio 软件的酒店服务机器人设计与虚拟仿真 [D]. 哈尔滨：哈尔滨理工大学，2019.

[25] 何洋. 直线型协作机器人模块的可重构设计与集成 [D]. 哈尔滨：哈尔滨工业大学，2020.

[26] 方达. 直角坐标型机械手的运动控制方法研究 [D]. 北京：中国地质大学（北京），2020.